職人の地位向上と安全を訴える小野辰雄の言葉には魂が宿ると言われ
国会議員をはじめ、多くの人を動かした

幼少のころの小野辰雄
1940（昭和15）年、小野家6人兄弟姉妹の次男として大連で生まれた

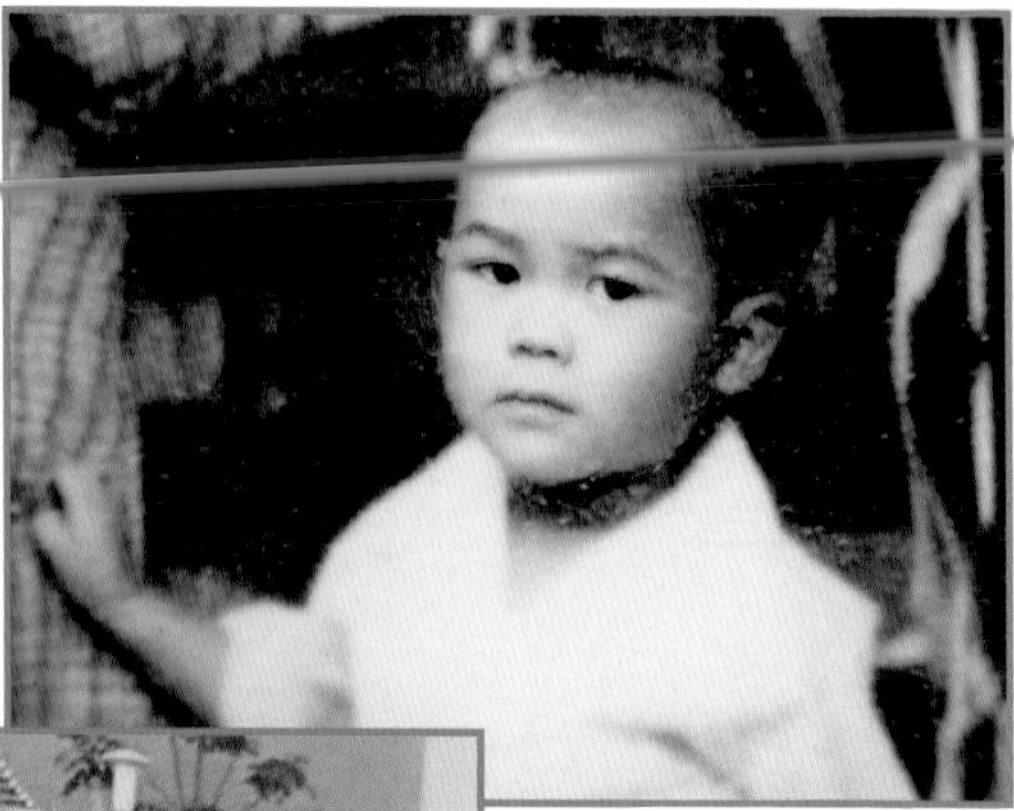

小野と母親タケさん
二人は時折、手紙のやり取りをしていた。下右の手紙は89歳のタケさんが小野に宛てたもの。タケさんは小野の努力と苦労を労わっている

辰雄へ

造船鳶として石川島重工業で働いていたころの小野
運動神経がよく、冶金工学を極めた小野は高所での溶接もお手の物だった

小野は1968（昭和43）年、28歳のときに日綜産業を興した
便利で安全な仮設機材を次々と世に送り出し、会社を発展させた
（上右）創業当時の社員
小野は左から２番目
（上左）日綜産業が送り出した安全で使い勝手がよい仮設機材は様々な建設現場で使われている
（左）日綜産業創立５周年を祝う新年会での記念撮影

日綜産業が軌道にのった後、小野が目指したのは建設職人の地位向上と安全・安心であった
（右）悲願であった建設職人基本法の成立を成し遂げた
（下右）国際技能振興財団の総決起集会で「職人大学」の創設を訴えた
（下左）全国仮設安全事業協同組合をつくり、墜転落の防止を訴えた

「すべてを楽しく」をモットーにしていた小野は、仕事以外も楽しんだ
（左）自動車好きが高じて、ル・マン24時間耐久レースにも挑んだ
（下）シングルと言われた、得意のゴルフ

（左・左下）「社員は家族」と考える小野は、5年に一度、社員とその家族とともに海外で記念大会を行った
日綜産業創立50周年ハワイ記念大会

小野を支えたのは もちろん家族
小野は 休日にはドライブや温泉、海外旅行に家族とともに出かけた
（上）福井県　あわら温泉へ
（下）四万温泉にて77歳の喜寿祝い

（左）2019年夏 家族との世界一周旅行で訪れた世界1の高さを誇るタワー ブルジュ・ハリファ　～ドバイ～

# 日本の国会は建設職人をCCUSから解放できるか

伊藤幹雄

愛育出版

小野辰雄手記

# CCUSを容認できない私の思いと意見

2023年3月23日　小野辰雄

CCUSとは国交省が主導して、国が関与して全ての建設職人のランク付けをすることである。

私は造船工であり、重量鳶であり、特殊汽缶溶接士、製缶工、鋲打工、鍛冶工、鍛造工、足場工、型枠工、ケガキ工、三角関数と微積によって寸法を算出する原寸工（原寸場不要）、50件以上の特許権者（主として足場と型枠に関する）、とくに型枠については日本で初めて足場アルミパネルを採用したシステム型枠で現存する池袋ターミナルホテル、浅草ビューホテルなどの実績がある。また、昭和40年代、50年代の日本の新造船所の足場を多く担当した。以上は自他共に許す生粋のマルチ職人である。それが私の生涯における生業である。

## ◎ 私の生い立ちと背景について

私は昭和15年に満州の大連で父勘七、母タケの次男で、姉3人と妹が1人の6人兄弟で育ちました。

父は満州国大連警察の警察署長でしたが、昭和19年の8月に肺結核で急逝しました。そのときにはすでに米国の艦砲射撃で防空壕のなかに避難する連日でした。そのときの防空壕の水浸しでネズミが沢山いるのが気持ち悪い、怖いという気持ちが4歳のときから未だ離れません。

同年の12月に命からがら、貨物船の船底に潜り込んで乗り込み、門司港にようやくたどり着いて、そこから一ヶ月かかって12月に実家の山形県西置賜郡平野村にたどり着きました。そのときの船底鉄板の冷たさがまだ体に残っております。

実家に帰って来て、あちこちの親戚じゅうにお世話になりながら、母の行商を手伝いながら育ちました。

スポーツ万能で、野球、柔道、レスリング、バレー、バスケットボールなどの選手となりながら、長井南高等学校の普通科で大学進学を目指し、高校2年のときには203人中、1番から3番迄の成績となりました。しかし高校3年になり、兄、姉たちは全員大学進学していましたが、母はそこまでで力尽き、親戚の支援も底をつき、母も弱ってきて、私は大学進学を諦めざるをえませんでした。

そして就職することにしましたが、富士銀行の入社試験を受け、一次、二次試験を突破して最終は面接で、山形の片田舎から一日かけて仙台まで行って、最終面接を受けましたが、そこで振り落とされました。その理由は片親、父親のいない子どもは採用できないということでした。それまで私は一度も試験に落ちたことがなく、すごいショックを受けると同時に、片親がいないということは最初からわかっているのになんでそこまでやるのかという社会に対する疑問に絶えませんでした。

それが社会人になる一歩手前で大きなショックを受けたことは、今でも強く胸に残っています。しかし振り返ってみれば、もし銀行員になっていれば現在の自分はなかったと思います。

その後受けたのは、石川島重工業の短期見習い臨時養成工で、50倍の競争率で合格しました。そのときの試験は体育館の床にひざまずいて、床の上で試験ペーパーに解答するようなそんなやり方でした。

私は小さいときから日本帝国海軍がロシアのバルチック艦隊を撃破した記憶があり、石川島で船を造ることを非常に幸せに思いました。

仮入社して造船工として三ヶ月の期間を経て、養成工の職工として入社できました。

後でわかったことですが、同じ高卒でも職員（ホワイトカラー）として入社した者もおりました。私は職工（工員）として入社したのでした。そこには大きな開きがあり、結局入社の入口で職工とホワイトカラーの待遇が違うことが後でだんだんとわかって来ました。これまた大きなショックでした。

なぜならば入場門も違うし、お風呂も食堂も更衣室も全く違うし、職工の更衣箱はみかん箱でした。しかし私はもともと体を動かすことが好きだったので目の前にあることがらに真正面からぶつかってどんどん消化しました。それは技能と技術を覚えることです。頭と体で吸収しました。その結果、特殊気缶溶接士を最速の三ヶ月で免許を取得しました。それは何年かかってもなかなか取れないそうです。なぜならば冶金工学の上下2冊の本を精読し、理論を理解してから技能を発揮した成果です。

よく周りの人から職人芸と言われました。

私はそれは職人芸でもなんでもない。技能の裏には必ずそれを裏打ちする理論があることをわかっておるからです。

一般的に職人技とか言う人は、それは理論がわかっていないからです。また理論しかわからない人にとっては同じように職人技と言って簡単に片付けるでしょう。

その後の展開のおいても技能と理論が必ず一致するものだと思う。そこで自分として体得したことは、技能をわかった職人に理論を入れてやることによって、本当の技術が完成するということを会得したのです。

それが後々の職人大学に繋がって行くのです。

## ◎ 建設職人は絶対的弱者である

建設職人はホワイトカラーの管理職者や雇い主には絶対に逆らえない。建設職人は常に逆らえない弱い立場にあり、また結社の自由を抑えられている。なぜならば、建設職人同士が知り合いになったり、情報交換されるのを雇主は極端に嫌う。従って、団結することはほとんどない。基本的にはバラバラである。いわゆる物が言えないサイレントマジョリティとなる。

## ◎ 次に墜落労働災害についてのべる

建設職人の墜落災害は全体の労災の30%を占め、今でも年間8、000人以上の墜落死傷者を出し、内160人以上が死亡している。その多くが起因しているものが、足場である。

これは労働人口比を国際的に見ても、ドイツの3倍、イギリスの5倍となっている。

その原因は、日本の建設職人はユニオンがなく、社会的に弱い立場にあるので、労働安全対策が遅れているからである。

## ◎ 自分の墜落事故が、足場に取り憑かれた建設職人社会一筋の人生となった

私は他人の設置した足場から2度墜落し運よく短棚に引っかかったり、腕木ブラケットにぶら下がり命拾いをし、ギブス、松葉杖程度で済んだ苦い思い出があります。

もう一度はタンクのエアテストで爆発し、直径4ｍの1トンの重さの鏡板が吹っ飛び暴れて、廻りの3人が死亡し、そばにいた私は運よく難を逃れることが出来ました。

以上、私の生い立ちと背景である。

## ◎ 職人大学の創設について

私は40代になって仕事が少し落ち着いてきたときにふっと気づいたのは、自分は3回も九死に一生を得て今でもこうして元気に過ごしているのは、もしかしたら生かされているのかもしれないと気がついた。自分は世の中のためにもっと役立たなければならないと思い始めた。最初に職人の地位の向上を図るべきだと思い、職人でも大学卒の人が沢山いるよという時代を作るべきだと思い、職人大学を作るために色々活動した。

結論として10年の歳月を要して埼玉県行田市に、ものつくり大学を2000年早々に完成させた。

色々やったことのなかではヨーロッパのマイスター制度の視察や研究や建設職人の職長クラスを四、五十名一週間の合宿を6回に渡って行ったり、国際技能・技術振興財団を創設し、後の建築学会会長　内田祥哉先生に理事長になってもらったり、土木の三浦裕二先生に委員長になってもらったり、沢山の産学の有志にリーダーシップをとってもらい、計画し、活動し、そして結果として文部省認定の4年生大学ができ、現在では沢山の卒業生を輩出している。

**◎　次に行ったのは墜落労働災害の撲滅を期して、活動したことである**

墜落災害は多くを高所作業における足場に起因している。そこで全国の足場業者に呼びかけ、2000年に全国仮設安全事業協同組合を設立した。またその後、これは政治問題であると気がつき、日本建設職人社会振興連盟という政治団体を作り、その活動の結果、2016年には衆参全員一致で建設職人基本法ができたのである。

そして今、墜落労働災害をなくすために国会の先生方に、基本法に基づいて安全対策が具現化されようとしている。以上建設職人の地位の向上のための職人大学の創設、墜落労働災害撲滅のための建設職人基本法ができ、少しずつ具現化されようとしており、光明が見えてきている。そんな矢先、大変困った問題が起きて来た。

## ◎ それはCCUS問題である

ＣＣＵＳとは国交省が主導し、国が関与して、建設職人のみをランク付けをすることであり、その目的とは建設職人の担い手確保と処遇改善をするためとしてある。

そもそも国が関与して国民のランクをつけると言うのは憲法14条の法の下の平等に反するものであり、基本的人権を阻害するものである。これは決して許されるものではない。また、ランク付けするそのことは人の利益を表現することになり、ひいては賃金の基準相場を測ることになり、憲法27条の労働条件や賃金の基準は法律によってこれを定めるということに反し、何らこれは国会で審議された形跡はない。憲法41条により国会は唯一の立法機関であるにも関わらず、ＣＣＵＳは法律の根拠もなく大臣告示のみで実行されようとしている。まさに以上は私にとって、許されるべきものではなく、多くの建設職人は同じ思いでいると思う。ただし物言えば唇寂しで村八分にされるので、ランク付けされる３５０万人の建設職人はサイレントマジョリティとならざるをえないのである。残りの建設業の１５０万人のホワイトカラーや経営者群はランク付けをする立場にあり、ランク付けすることに何のためらいもなくランク付けをする。これは今まで積み上がって来た強者と弱者の関係が歴然としているからである。このCCUS問題は私にとっては、職人の地位の向上のための職人大学とか墜落労働災害撲滅対策なんかより、もっとも身に応えるものであり、ここは断固として反対するものである。CCUS問題を支持する人々の猛省を促したい。

以上私の今生の別れを間近に控えた83歳、小野辰雄の人生劇場である。

演奏会にて運命の出会い
小野辰雄は奥野弁護士に全てを託した

# 私の夫　小野辰雄

2023年5月15日　妻　小野典子（一級建築士）

私の夫　小野辰雄の人生は常に愛に溢れ、強い正義感に情熱と希望を持ち続け、いつも真剣勝負、命がけで人生を生き抜いてきました。

私と夫との出会いは2001年新春の新聞での対談でした。そのご縁から全国仮設安全事業協同組合の総会で司会をさせて頂き、打上げ会で色々と会話をするうちにとても気が合い、自然にお付きあいに発展しました。小野辰雄は、私との33歳の差を全く感じさせないほど若々しく行動力があり、輝く笑顔と純粋な心を持っている人でした。

私達は2001年夏から共に人生を歩むことになりました。私達の第一子となるはずでしたが産むことができなかった徳浄水子（戒名）のあとに、辰典（長男）、妃凛（長女）、辰之典（次男）という3人の子宝に恵まれ、とても幸せな充実した時間を家族みんなで過ごしていました。夫は車と運転と旅行が大好きで、よく家族を温泉旅行や海外旅行に連れていってくれました。

その頃の夫は、建設足場からの墜落事故撲滅のための法律が制定される事を願って、建築現場の安全安心のための活動に邁進していました。

そして念願の法案が可決され法律として制定された事により長年の念願が叶い、一安心と思ったのも束の間で新たな試練が訪れていました。

２０１７年末、日綜産業の50周年の記念式典を翌年に控えた頃に膀胱癌が見つかりました。心配をかけたくないという思いから癌であることを、家族のように想っている社員達にも、兄や姉、妹や周りの誰にも徹底して言わずに最後まで秘密にしてきました。

自然療法での完治を目指し、冬虫夏草を煎じたり、サプリや漢方、ラジウム温泉や水素吸入、高気圧酸素ルームなどで、誰にも病気の事を気づかれる事なく、元気に過ごしていました。

２０２１年からは排尿のたびに激痛を感じるようになりながらも仕事を通常通り難なくこなしていました。

しかし2022年の初めには膀胱癌が急成長し、腎臓からの尿管を両方ともに塞いでしまうほどになってしまいました。両腎水腎症になっていたその時に亡くなってもおかしくない状態でしたが、腎ろうと言う処置で奇跡的に回復を遂げました。その後は肺転移も見つかりましたが、今まで人生で寝込んだ事も休んだ事もないという事が誇りだったので、普通なら休むような状態でも元気を装い頑張り続けました。

2022年末に腸骨、リンパ節転移が見つかり更なる激痛に襲われながらも、周りの方々には坐骨神経痛だと言って、杖をつきながら出勤していました。

今年の3月、腫瘍が胆管を押し潰してしまい、胆汁が流れなくなっていたところ胆管にも管を入れて救命して頂きました。

今思えば昨年の腎ろうカテーテルで助けて頂いてから力尽きてしまった日までの458日間の命は奇跡的なものでした。

命の尊さを誰よりも常に感じ、建設現場での死亡事故撲滅のために活動し続けたご褒美だったような気がしています。

この奇跡的に助けて頂いた約1年の間に小野辰雄は最後の闘いをしていました。

それはCCUSの撤廃を求める闘いでした。

「ドイツのマイスター制度や日本の建築士などの国家資格ならば良いが、国が関与して職人にランクをつけるというのは人権を侵害している」と激怒していました。癌の痛みでベッドから起きられなくなった最後の2か月間も、ずっとCCUS撤廃のための活動を起こすべく、応援してくださる方を次々に呼んでは自分の意志を伝えながら最後のお願いをしていました。

この本の小野辰雄の手記はベッド上で考え口にした言葉を私がパソコンで打ち、本人が一字一句自分の目で確認して作り上げました。

「もう自分はCCUSがこの先どうなっていくか見届けることができない。でも同じ建設職人として、日本全国の建設職人の人権尊重と地位向上のために最後の力を振り絞り命がけで闘い続けていた小野辰雄という男がいたということを本で残したい。」という夫の願いでした。

私は夫の入院の際は必ず一緒にずっと付き添い入院をさせて頂けていました。夫は亡くなる前日、酸素マスクしながら、もう声らしき声を出す事が出来ない状態で手を挙げたかと思ったら、酸素マスクをずらして息のような声で「あいしてる」と言って涙を流しました。私はびっくりして、嬉しくて、「ありがとう！　私も愛してるよ！　もう一度言って！」と携帯カメラを向けました。夫はもう一度「あいしてる」と言ってくれ、それが、夫からの最後の言葉になりました。

私は「ずっとそばにいるよ。生まれ変わってもまた結婚しようね。」と言ったらうなずいてくれました。

２０２３年５月６日　午後９時22分に、小野辰雄はがん研有明病院にて、３人の幼い子供達（辰典、妃凛、辰之典）にも見守られながら静かに息を引き取りました。

小野辰雄の人生劇場は、多くの方々に愛され助けられ83年間の幕を閉じました。

今まで小野辰雄を支えてくださいました方々に心より御礼申し上げます。

本当にありがとうございました。

家族に囲まれた自宅療養中の小野辰雄
2023年4月22日

# 小野辰雄会長の精神を引き継ぎ、語り継ぐ

弁護士　奥野善彦

## ◎尊敬を込めた丁寧なご紹介

私がこの稀有な人と出会ったのは、ある演奏会でした。私の隣にいらした方について、主催者が、この方は建築足場を作る会社の会長で、しかもその会社は「無事故」の精神を貫き、例えば、東京スカイツリーの足場建築を無事故でやり遂げられた方と丁寧にご紹介くださいました。私は驚くと同時に、「職人の人権を大事にする精神をお持ちなんですね。」とお声がけしました。すると、その方の表情がぱっと変わり、人権について熱く語り始めました。

これが、私と小野会長との出会いでした。

## ◎挨拶の合言葉

それからというもの、私と小野会長の間では、「人権を守ろう」が合言葉のようになりました。二人の間には、人権について共通の課題認識があったからこそだと思います。

その一つが、CCUS問題です。小野会長は、職人あっての建設業であり、職人の地位は自律的なものでなければならないとおっしゃいます。

CCUSは、若い世代のキャリアアップや処遇改善を目的とするものですが、その実質は、官公庁による職人の管理であり、CCUSに登録しなければ仕事すらできないという問題のある制度ですから、弁護士として対応していかねばならないと思います。

## ◎職人としての姿勢

小野会長とお話をすると、初志貫徹して、職人の人権と地位を守ることに心血を注がれている方であることがわかります。

小野会長は、足場の安全性は遠くから見てこそわかるもので、「木を見て森を見ず」のようなことではあってはならないという信念をお持ちです。それに加え、安全な足場づくりのために、謙虚に不断の努力で経験を積み、自分の力を過信せず、科学に裏付けられた技術を磨くことを旨とされる姿勢は、小野会長の志を表すものでしょう。

日綜産業の実績は、こうした小野会長の信念や姿勢に基づいた日々の実践を裏付けるものであり、不撓不屈の精神のなせる業であると思います。

## ◎ 類まれなる経営者

一度、幕張にある日綜産業の管理本部をご案内いただいたことがあります。会社の入り口には壁一面に社歴年表が貼られており、日綜産業の業績に並び、五周年ごとに行われる従業員との慰安旅行も同じように社歴の一部をなしていました。私はこれまで慰安旅行を社歴年表に記載している会社など聞いたことがありませんでした。

その社歴年表は、まさに「会社は家庭」であり「事業は人である」という小野会長の言葉を体現するものであると私は実感いたしました。

その上で、建設現場における職人の安全と安心を確保するために事業を行っているのですから、小野会長こそ、企業の社会的責任を弁えた人と言えるのではないでしょうか。弁護士も人権擁護を生業としていますから、私は小野会長の生き様に共感いたします。

## ◎ 敬愛すべき人柄

小野会長は、戦中戦後の大連と日本で苦しく厳しい体験をしてきたといいます。小野会長が家族へ向ける深い愛情は、自身と同じような苦しい思いをさせたくないという一心で生まれるもののように思います。

私も小野会長と同じ時代を生きておりましたので、会長の苦しみとその思いは肌身に染みてわかりました。辛酸をなめた者同士、共通した感覚を持っているのだと思います。

また、小野会長率いる日綜産業は、ル・マン24時間耐久レースに参入し、1位と3位を占めたと知りました。職人が起こした会社が、世界の名だたる自動車メーカーを相手に、耐久レースで体力勝負を挑むその気概には、小野会長の人としての魅力が表れていると感じます。

## ◎さいごに

私は、小野会長の作り上げた素晴らしい精神を引き継ぎ、後世に引き継がれることを願い、そのお手伝いが少しでも出来たらと考えております。
語り継ぎ言ひ継ぎいかむ　小野の精神。

奥野善彦弁護士（左）と小野辰雄

〔奥野善彦先生のご経歴〕

昭和54年4月　北里大学教授

平成8年10月～平成23年5月　財団法人藤原ナチュラルヒストリー振興財団理事長

平成10年2月～平成23年5月　一般財団法人衣服研究振興会理事長

平成10年4月～　北里大学名誉教授

平成16年4月～平成21年2月　株式会社整理回収機構代表取締役社長

平成23年2月～平成30年9月　公益財団法人世界自然保護基金ジャパン監事

平成25年6月～平成29年6月　株式会社民間資金等活用事業推進機構監査役

平成25年10月～平成29年6月　公益財団法人金融情報システムセンター監事

平成29年　福島県東白川郡棚倉町名誉町民

発言録

# 建設職人基本法超党派国会議員フォローアップ推進会議（以下「推進会議」）での小野辰雄氏議事録

## ●第13回

私たち本当に念願で、念願というより悲願です、歳月を重ねてまいりました。先生方にはお世話になっております。しかし、この業界、500万人もいて、働く人の立場が非常に弱いんです。弱いが故に先生方に13回も会議をやってもらってもなかなかゴールにたどり着けないというのは、私たちの声が小さいんです。人数ばかり多いのに。そこのところは、今の社会の政治情勢等を、わきまえていただいて、ですからアンケートをぜひ、私たち職人にアンケートするように言いますので、これを既に準備して、アンケートで何を言いたいのかということを、集まったのを櫻田先生のところで発表になったわけです。何に困っているかを中心にしてアンケートを出すと

いうことになっています。これについては生の声が出ると思いますので、次回の会議でそれを尊重してやっていただければなと思います。いずれにしても先生方が決めたことに私たちは一切不服は申し上げません。先生方の言うとおりにやりますから、今後、よろしくリードしてください。

## ●第15回

先生方、お役所の方、本当にありがとうございます。長い間、本当に私たちのためにご苦労していただいて、こんなに感謝するときはありません。本当に感激でいっぱいです。本当に私たちは現場で働く職人として、本当に1日も早く、安全と安心した環境のなかで、是非働かせてほしいと思います。今日はもう先生方の努力でここまで、役所さんも、常に詰めていただいて、本当に真に実効性ある対策を打ち出すんだということで私も信用させていただきました。本当にね、厚労省さん、国交省さん、一つよろしくお願いいたします。

それからもう一つ最後にCCUSの件なんですけど、私はあの現場で働く立場として、ランク付けをされる立場なんですよね。今、皆さんが話し合いされている団体の代表であるとか、発注者であるとか、みんなね、ランク付けをする立場なんですよ。私たちを材料にして利用して欲しくないんですよ。私たちにランク付けしてもらいたくないです、私は。ハラハラドキドキのそんな人生を送りたくないし、勉強する人は努力しています。そんなに射幸心を煽らないでください。本当にね、安心して働かせてほしいです。ランク付けなんか、皆さんされる身になってください。その一言です。しかしながらこれも、今古屋先生がおっしゃられたように、このフォローアップ会議でも、あるいは国会でも取り扱ってもらえるというような話の方向が進んでいるようなので、私はそれを信じて、私たち国民の代表である国会で決めてもらったら、そのとおり私たちも従います。是非、ランク付けをされる身になっていただきたいという一言で、今後ともよろしくお願いしたいと思います。本当に長い間ありがとうございます。

### ●第16回

ありがとうございます。建設職人連盟の会長の小野と申します。いや本当に先生方、長い間本当に、二階先生もおられますが、最初から、私たちのこの建設職人の振興議員連盟を作っていただいて、そこからずっと本当に長い間お世話になりました。で、基本法を作っていただいてから6年になります。この6年、16回の、この超党派のフォローアップ会議、16回、今日ですね。それを経て、ようやくここまでたどり着きまして、この建設職人の安全と安全経費、これに対する第一歩が示されることになりました。本当にありがとうございます。ありがとうございます。役所の皆さんも本当に長い間ありがとうございます。ありがとうございます。

それから今事務局長さんが言われました経産省とそれから国交省さん関係されている補助の制度、生産性と安全性に関わることについては、補助制度になると検討すると。

それから最も私にとっても今大事なことで、差し迫っていることがこのＣＣＵＳ問題でして、私は生粋の職人として、本当に一言申し上げたいと思います。私は公に反対運動を一切していませんから。私はここに来て発言させてもらっているだけなんですよ。機関決定できないんです、反対なんて。反対なんて機関決定したら明日からおまんまの食い上げですから。そういうサイレントマジョリティーがいるっていうことを先生方はわかってください。３５０万人のね、建設職人がいるんですよ。この人たちは何も言えないです。言わないんじゃなくて言えないんですよ。言ったら明日から来なくていいって言われますから。そういうことなんですよ。そのへんは本当は役所さんにわかっていただいて、建設業団体の皆さんにわかっていただきたいです。私たちはランクをつけられる人なんですよ。国の管理の下でランク付けられるなんてとんでもないことですよ。とにかく、日々の行動をデータにするとか言って。管理・監視社会のなかに私たち追い込まれようとしてるんですよ、もうその寸前ですから。何とかそこのところ、私は本当の国民の声を吸い上げていただきたいと。ですから国会の調査を踏まえて、ここにあるのは本当に嬉しいですし。国会で決めることは私たちは一切反対はしません。国会の最終的に決めていただければ結構なことです。ただこのサイレントマジョリティーがあるということをわかっていただきたい。言えないんです。よろしくお願いします。建設職人基本法は本当に大事です。ありがとうございます。

目次

## 資料編

# 第1章

# 建設キャリアアップシステム（CCUS）を語る

## ＣＣＵＳ問題の本質とは

今問題となっているＣＣＵＳ、いわゆる「建設キャリアアップシステム」問題について次のようなことが言えるのではないだろうか。ここは大事なところであるが、ＣＣＵＳの骨格をなしているのが「国が関与して建設職人のランク付けをすること」である。これがまず第一の問題点である。そして、そのランク付けした結果をデータベース化して、誰でも見れるようにする、セキュリティを施してるとは言うが、不十分なセキュリティのもと漏洩する、また、必要に応じ公益上の理由ということなどから一般も閲覧できるということがあり、こういうことが第二の問題点である。そもそも人の価値というものに、特に働いている人の価値というのは雇用者と被雇用者の間で決められるものであり、それに国が介入するということは、普通は、この日本のような法治国家、民主主義国家では考えられない。基本的には、市場原則により賃金水準というものが決定される。それを横から政府が出てきて、一律的にお前はこのランクだから幾らであるという風にすることは〝法の支配〟をうたう我が国で認められるものではない。この点については、フォローアップ推進議員連盟の櫻田義孝先生も、国会質疑の中で指摘されている（令

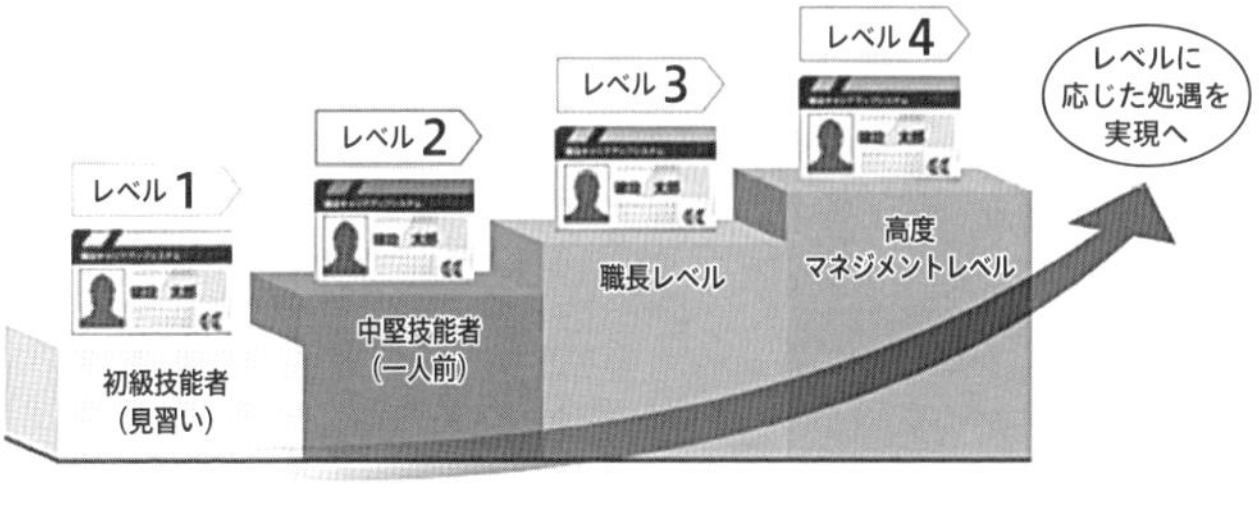


CCUS における４段階のレベル判定

和4年3月23日、衆議院国土交通委員会質疑）

このように国が一方的に決めようとする所業について、それでは350万いると言われている建設職人は、どうして反論できないのだろうか。それは彼らがいわゆる〝サイレントマジョリティ〟であるからであり、別の言葉で言えば〝物言わぬ人々〟、さらにもっと正確な別の言葉で言えば〝物言えない人々〟、つまり社会の中で非常に弱い立場にあるからである。建設職人といえども、基本的人権が守られて、普通の一般国民のように意見が言えるのではないかという意見もあるが、それは建設業の実態を知らない者の話である。建設業は、いわゆる重層下請構造となっているということを忘れてはならない。国交省や民間デベロッパー、さらには一般家庭の方々も含め、建設工事を発注しようとする者、これを発注者と呼ぶが、これが元請け、つまりこの工事を請け負う方々と請負契約を結ぶ。しかしこの元請けが全ての工事をできるわけでもなく、そこから1次下請け、2次下請け、3次下請け…、ひどい場合には5次以上の下請けなどと連鎖して広がる実態がある。そしてこの連鎖というものが、非常に強く統制力が効いているという状況にある。簡単に言えばこの連鎖の統制から逃れることができないということである。

## 一人親方は二足の草鞋

一人親方は二足の草鞋を履いているとも言われている。それは企業経営者としての顔を持つ一方、本当の意味での職人だけの姿という二つの面があるということである。つまり、会社や工務店を経営しながら自分も工事に携わるという二つの立場があるわけである。企業経営者である以上、お客つまり発注者や元請けなどから仕事をもらわなければ生きていけない。このため有力な元請けなどに逆らうと村八分にされてしまい、今後仕事をもらえないという恐れも生じる。また職人としての立場で考えると、建設職人基本法によると建設職人こそ建設工事従事者の中核な立場であるにも関わらず、自らの意見が主張できず、ただ時間で労働を売るということに一生終始している。彼らは製造業のように在庫を作るということができない。請負に基づき、その日その日の時間で自分の労働力を売るという形になる。事業経営者の中でも一人親方（これは60万人とも１００万人とも言われているが）は零細の個人事業主で、総じて非常に弱い立場であり、職人となればますますその立場は弱い。建設業の全てが「連鎖の統制」に組み込まれており、おおよそ元請けや発注者などに意見を言うことなどできない。

これらを束ねている建設業団体というのは、大手ゼネコンの集合体である日本建設業連合会（日建連）や地方ゼネコンを中心とした全国建設業協会（全建）、建設専門業の集まりである建設産業専門団体連合会（建専連）などたくさんの団体があるけれども、これらがＣＣＵＳに唯々諾々と参加しているということはなぜかと言うと、先ほどの二足の草鞋もあり、事業経営者団体として村八分にされてしまうと今後立ち行かなくなるということから、すべていや応なくＣＣＵＳに賛同せざるを得ないという事情による。心の底から賛同しているかどうかは別として、表面的には全て賛同しなければ、今後この建設業の「連鎖の統制」の中では生きていけないということである。もっと広く考えてみると、建設就労者というものは総体的に言うと５００万人いると言われているけれども、この５００万人の中の１５０万人は経営管理者や発注者などであって、これらの人はＣＣＵＳのランク付けをうまく利用して建設工事を管理しようとする人である。一方今回問題となっている建設職人、技能者とも言われるが、これらは約350万人、これらはランク付けをただされてしまう人ということになるわけである。CCUSはランク付けをする経営者側が一方的な支配者となって、〝家来〟ともいえる職人を何ら反論も許さず格付けしてしまうわけである。

## 建設職人に対する偏見

建設職人はこのような弱い立場にあるのに加えて、さらに偏見、というよりは積み上げられた固定概念の中で江戸時代から生きてきた。このことは、民主主義が発達した現代においても、底流として脈々と生き

続けている。例えば、子どもの学校クラス分けですら職業に対する固定観念により影響されることがある。また、テレビの報道や新聞の記事にも大きな偏見・固定概念が見られる。よく事件を起こす者として建設業関係者が、例えば〝作業工〟とか、そういうふうな名前で特筆されて、あたかも建設業の従事者は危険人物とか犯罪者の集団であるかのような取り上げられ方もする。保護者の間では「ヘルメットの安全坊や」という言葉が使われるが、これはそういう風な姿をしている人にならないよう勉強することを親が子供にうながす言葉である。これらはすなわち、すべてがルックダウン、上からの目線で建設職人を見下すという固定観念から出てくるのである。このことが建設業に対する若年者の入職にも悪い影響を与え、またそれらの人々が仕事をする中でプライドが失われていくという悪循環に陥る要素となっている。このような状況を打破するんだという大義名分がＣＣＵＳを合理化、正当化するための大きな材料となっているが、全く的外れな議論である。

ある学者は公式の議員連盟の会議において、ＣＣＵＳというものの一つの使命として、いわゆる犯罪者集団が多数居る建設職人層からそういう凶悪分子を取り除き、純粋に優秀な者だけを選抜する、そういう機能が期待できるという風なことを公言している。

これらの事実は日本独特のことなのか、もちろん世界でもそういう風潮は全くないとは言えないが、日本ほどひどくはないと考えられる。それは日本では江戸時代から「士農工商」つまり元々身分制が固定されていたために、身分付けというかランク付けということに対してそれほど抵抗感がないということが由来していると思われる。ヨーロッパ諸国では、このような風潮は結局人種差別か民族差別あるいは偏見社会を生むという恐れから、ヨーロッパ連合（EU）では、国が関与して国民を区分けする、つまり区分けについて国民をスコアリングをするということについては、EU共通法であるEU法によって厳禁とするという方向に進んでいる。

建設労働災害対策においても経営・発注側というのは伝統的に行政側と持ちつ持たれつな関係にあり、伝統的に親密にならざるを得ない環境にある。このことが、実際に労働災害が発生して被害を被るのは職人であるが、各種審議会や検討会においても職人側の意見というものは結果的には葬られる結果となる。そういう弱い立場、社会構造にあるということを指摘しておかなければならない。

以上CCUSに関連する問題点を述べてきたが、結局CCUSの基本となっている建設職人のみを国が関与して総合評価ランク付けをすることは基本的人権擁護の立場から絶対にゆるされることでないのであり、制度の改善でなんとかなるものではなくて、一旦立ち止まって廃止と言うか、全面的に見直すという道しか残っていないのではないかと思う。よく知らない人にとっては、ドイツなどでマイスター制度というものがあり、一般職人と区別されているんではないか、つまりランク付けされているんではないか、キャリアアップシステムと同じだという風なものの言い方をする人もいるが、マイスター制度はあくまでも個人の資格であり、教育制度に基づいて個人が自主的にそれを目指すものである。国が関与して職人の総合評価をランク付けするということは許されないし、またドイツのマイスター制度とは全く違うということも付記しておきたい。

## 法令に基づかない国土交通省の告示

それでは国土交通省の示した告示について問題点を指摘してみよう。

この告示は平成31年３月29日に発出され、その番号は国土交通省告示第４６０号であり、そのタイトルは建設技能者の能力評価制度に関する告示となっている。まずこの告示は国土交通大臣が発出したものであって、その根拠となる政令、省令、またはその上位法令である法律などになんら根拠がないという特色がある。つまり独立した告示となっている。で、一般の行政の常識では、このような法律に基づかない告示というものは考えられないわけであるが、国土交通省の担当者などから聞くところによると、「国土交通省ではこのような告示というものが日常茶飯時に発出されているので特段問題はない」という見解であるが、果たしてそれが正当なのかどうかはまた議論の余地があると思われる。この告示の条文については第七条までの簡単なものとなっている。この告示については、資料編2を参照していただきたい。第一条「目的」から始まり、第二条「定義」、第三条「能力評価基準の認定」、第四条「能力評価実施規程の届出」、第五条「能力評価の実施」、第六条「報告の徴収」、第七条「認定の取消し等」となっている。

## ＣＣＵＳによる能力評価

確かに国土交通省においては法律に基づかない告示というものが多数あるのかもしれない。しかし、それにしてもあまりにも法の支配、具体的に言うと「法律に基づく行政」という公理に対する認識が弱いのではないかと疑うような条文が並んでいると思う。

とくに問題となることについて指摘してみたいと思う。第三条に「能力評価基準の認定」があり、能力評価を実施しようとする者は能力評価に関する基準、つまり能力評価基準を策定し、国土交通省の認定を受けることができるとなっているが、認定を受けることができるとはなっていても、この能力評価を実施する者は一般にいう建設関係団体であり、こういう関係団体はいわゆる「連鎖の統制」のなかで否応なく国土交通大臣の指示に従って能力評価をしなきゃいけないと考える。さらに、それを大臣が認定するという行為、これは行政法にいう講学上の「行政行為（認可）」ではないのか。行政行為であれば法律の根拠は必ず必要なわけである。「認定」という行為を告示で創設することができるのであろうか。次に、この評価基準のなかで完全に拘束性が強いと思われる下りは、第三条第2項第3号に定める「4段階の能力評価」を実施しようとしている箇所である。このような段階（ランク数）を特定するという基準、これはその能力評価者の権限を完全にしばるものであるから、当然法律で定めなければならない事項になってくるのではないだろうか。

## CCUS制度は実質義務化であるか？

能力評価基準の変更の場合でも国土交通大臣の認定を受けなければならない。これは前条に比較しても、完全に義務のような書き方になっている。さらに「能力評価実施規定の届出」の第四条においては、「各団体はこの規定を作ってこれを国土交通大臣に届け出ること。変更するときも同様とする」ということになっている。これらについても認定という行為まではいっていないけれども、届け出なければならないということは、すなわち国土交通大臣の審査を前提にしてるわけだから、明らかに行政行為に思われる。能力評価の実施などは当該規定に基づいて行わなければならないとする第五条で、能力評価実施機関に対する義務を課してるというわけである。これらも法律的な根拠が必要ではないだろうか。第七条においての認定の取消しについても、告示の規定に反して能力評価をしている場合には国土交通大臣が必要な措置を取ることを命ずることができるという命令規定を置いている。命令というものは行政法の手法の1つであるが、1つの告示では通常創設できないものであり、法律上の根拠は必須であると思われる。この他にもほとんど法律で規定すべきような内容が告示のなかに盛り込まれている。

## CCUS制度の運用独占

さらに一番の問題について最後に指摘しておきたい。建設キャリアアップシステムがこの告示第二条によって定義づけられているわけであるが、それは当該サービスを利用する工事現場における建設工事の施工に従事する者つまり建設職人などに対する情報を登録して蓄積し、この情報について当該サービスを利用する者の利用に供するものを言うとなっている。これは建設キャリアアップシステムの定義そのものを述べている条文であるが、その頭に「このシステムとは一般財団法人建設業振興基金が提供するサービスであって」となっている。このようにサービス実施主体をこの一般財団法人に限定するということ、これがなぜ告示で可能であろうか。明らかにこの一般財団法人に対する権利の創設の規定であり、このような権利を創設するという行為は法律上根拠となる授権法がないとできないのではないか。一般財団法人建設業振興基金に限って実施できるという独占的な地位を与えるということが告示でできるのであろうか。

## ＣＣＵＳ制度については国会議員も疑問を呈している

平成31年にできた告示については、法学者の間でもさまざまな評価があるというふうに考えられるが、なぜこのようなことを告示の形で急いで行ったのかということについての説明は、これまで国土交通省の方からは聞こえてこない。従って一部の国会議員のなかからは、一片の告示ではなく、やはり権利義務を制限し、評価を受ける者、具体的には建設職人であるが、自らの権利を守るためにもちゃんとした法律を作らなければならないという強い指摘があることは、議員連盟でも表明されているところである。

またこのように一方的にランク付けされてしまうことについては、それに伴う不利益・利益が当然発生するわけなので、それを本人がなぜ一方的に甘受しなければならないのか、不服があった場合なにか救済制度はあるのか、このようなこともまったく告示には触れられていない。当然法律に基づく救済制度、不服申し立て制度とも言おうか、そういうものが完備されてこその能力評価であると思われる。

以上がこの告示に対する法的な評価と問題点の一端である。

## CCUS問題に取り組もうと決意した経緯

### 建設職人社会への取組み（地位向上から安全対策、そして人権問題へ）

小野は生粋の職人であり、その辛さや悔しさが自らのこととしてわかっている職人気質を持つ人間である。日頃から建設職人のためにどのような対策を講じればいいかということを真剣に考えている、日本の建設業界において稀有な人物と言ってよいだろう。というのは、日本の大手の建設業界の経営者は後ほど述べるようにほとんどは職人出身ではない。むしろ管理部門を駆け上がってきた方々が経営をしてるというのが実際である。よく言われるようにゼネ

小野は造船鳶工としてキャリアをスタートさせた

コンという言葉は英語の略称であるけれども、このゼネコンというのはゼネラルコンストラクター（General Constructor）のことではなく、総合建設業という言葉で翻訳するにはおかしい General Contractor という言葉の翻訳なのである。Contractor は「契約者」の意味で、General Contractor は「総合契約者」という意味である。決してコンストラクション（Construction）「建設業」という言葉ではないということにまず気付く必要があるだろう。

小野が考える理想の建設職人社会というものは、契約に専念するというか、契約のことばかりを取り扱おうとするゼネコンや他の元請団体の考え方とは違い、日々汗を流し、職人の家族にも幸せな生活を送らせることができるようにという気持ちで日常を送っている方々の総意として成り立つ社会、これを理想としているわけである。

このことから、これまで大きな対策として小野が３つのステップを踏んだ行動の歴史を改めて振り返ってみよう。

**①職人の地位向上と安全対策**

まず最初が職人の地位向上のための行動である。職人は一般には大学卒が少ない。このような社会のなかで学歴のある経営者には元々ひじょうに気後れする環境のもとにあり、立派な技能を持っておったとしてもそれらは取るに足らない卑しいものであるというような、卑下する習性を身につけてきた。そこで職人に大学の学位を与え、自らの職業にプライドを持ち、一般の管理職の方々などに気後れしない、そういう環境を目指し、合わせて若者の建設職人としての技能向上をはかるということで考え出したのが職人大学構想である。これついては第2章において詳説している。

### ②安全で健康な職場

職人大学構想が日の目を見た後、次の目標としては実際に仕事をする際に、安全で健康な職場としなければならないだろうと。労働災害が頻発しているような状況では安心して仕事ができない。このために第二の行動として、全国仮設安全事業協同組合（略称「アクセス」）というものを創設した。職人の地位向上の次は、安全対策ということである。このように、職人大学そしてアクセスの具体的な成果として「建設職人基本法」、正確には「建設工事従事者の安全及び健康の確保の推進に関する法律」、これを成立させて小野は大きな成果を建設職人社会に示した。

### ③職人の人権問題

それらの方向性が見えてきた段階で、今度は人権問題というものが露呈してきた。人権問題はにわかにクローズアップされてきた。もともと人権問題は建設職人に関わる根深い問題として底流にあったわけであるが、それが表面化した。堂々と建設職人の差別を図ろうとする建設キャリアアップシステムつまりCCUSは、突如政府から提起された。これが5年前であった。このCCUS問題こそ、小野辰雄がこれまで進めてきた職人のための政策のなかでも最も大事なことである。これを建設職人のために解決できないようでは、小野はこれまで何をしてきたかわからないというほど問題意識を強く持っている。

この人権問題は、安全対策や職人の地位向上よりもなぜ重要なのか。それは飯を食ったり、安全に仕事をしてるだけでは人間としてとても満足できない、人格の尊厳ということが守られなければならないというのが小野が考える根源である。人権問題が解決できなくては人はまともに表を歩くことはできない。それは過去何度か起こった世界的な人権差別を見ても明らかである。（アパルトヘイト、士農工商、カースト制度についてはコラム参照）コラムで示した人権問題はほんの一部であるが、これらの問題とCCUSとは全然違うと一笑に付す人もいるけれども、それはCCUSの根源を十分考えていない、根本的問題について十分深い洞察力がない人々の意見と小野は考える。そこで今回この書籍においてＣＣＵＳ問題を取り上げて、世論に訴えたいのである。

コラム

**●アパルトヘイト**

アパルトヘイトは、かつて南アフリカ共和国で行われていた人種隔離政策のことを指す。アパルトヘイト政策は１９４８年から１９９４年までの約50年間、白人支配層によって強制された。この政策は、白人、黒人、有色人種といった人々を分離し、白人優位の社会を構築することを目的とした。この政策により、黒人は公共の場や交通機関、学校、病院などの施設にアクセスすることができず、また、政治的な権利や経済的な機会も制限された。さらに、政府は白人を優遇する法律を制定し、土地の所有や投票権などの権利を白人に限定した。

アパルトヘイト政策は、国内外で広く非難され、反対運動も盛んに起こった。国際社会からの圧力もあり、１９９０年代初頭には、南アフリカ政府はアパルトヘイト政策を廃止し、新しい民主主義的な政府が誕生した。反対運動の指導的役割を果たしたのがネルソン・マンデラで、１９９３年にノーベル平和賞を受賞、１９９４年には南アフリカ史上初めてすべての人種が参加する選挙で大統領に選ばれた。

●士農工商

士農工商とは、江戸時代に存在した身分の総称のことである。もともとは中国の『漢書』に書かれていた「士農工商、四民に業あり」というもので、本来は広くあらゆる職業を表す言葉であった。士農工商の身分は士＝武士・農＝農民・工＝職人・商＝商人の順で並んでおり、とくに一番上の武士はいろんな特権や自由があったとされる。

●カースト制度

カースト制度は、インド社会において紀元前の時代から存在しており、主に宗教的・文化的な理由によって形成された。この制度は4つの主要なカースト（バラモン、クシャトリヤ、ヴァイシャ、シュードラ）に分けられ、さらにそれぞれのカーストが細分化されている。また、カースト外の人々は「アウト・カースト」と呼ばれ、より差別的な扱いを受けることが多い。

インドでは、現在カースト制度は憲法で禁止されているが、実際には、社会に根強く残っている。カースト制度は社会不平等や差別の原因であり、人々の自由や平等を制限し、多くの人々にとって大きな問題である。

## 国会議員の見解と指摘

次にこの問題に対する識者の考え方を見てみよう。

CCUS問題に対して、国会議員の間でも色々な意見があることは疑いがない。この問題については、主にこれまで建設職人基本法超党派国会議員フォローアップ推進会議で議論されてきた。具体的な発言は資料を参照していただきたいが、この度その主要な先生方にインタビューを申し込んだところ、次のような見解があった。

二階俊博
衆議院議員

フォローアップ推進会議の議長であり、自公議連「日本建設職人社会振興議員連盟」の会長を務める**二階俊博衆議院議員**は、「国土交通省が進めているCCUSは、①若い世代にキャリアパスと処遇の見通しを示し、技能と経験に応じ、給料を引き上げる　②将来にわたって建設業の担い手を確保する　という目的があると承知しています。既に建設職人の登録者は100万人を超えたとも聞いています。しかし、建設職人全体では300万人を超えている状況ではまだ道半ばというのも事実でしょう。これからも小野さんをはじめとしたこの問題に対する率直なご意見を丁寧に拝聴し、各党派の考えをふまえて取りまとめ、責任者としてしっかり対応して参ります」と、国会議員のなかでも大黒柱として全体をとりまとめていく覚悟を述べている。

櫻田義孝
衆議院議員

次に、フォローアップ推進会議幹事長である**櫻田義孝衆議院議員**（国会議員唯一の建設職人（大工さん））は、「何と言っても職人のランク付け、そしてそのランク付けに基づく賃金決定に国は過度に介入せず、市場に任せるべきである」と、基本は市場に任せるべきだという考えを強くお持ちである。処遇改善については、「徐々にはよくなってきているけれども、まだ十分でないことは皆もよくわかっている。しかしそれをＣＣＵＳで解決しようと思っても、ＣＣＵＳはそれに寄与するとはとても思えない。国家が上意下達のように指示していくというやり方で処遇改善は図れない。日本は社会主義社会ではない。市場経済が支配する日本においては、あくまでも賃金は需要と供給のバランスにより決まるものであるが、一方的に国が計画経済のように賃金を指示、（〝目安〟という名前を使っているけども、）事実上の縛りをつけるということは需要と供給をまったく無視した制度であり、そのような制度において仮に賃金などが決まったとしても、一方においてそれが不十分であると考える者もいれば、もらいすぎているとほくそ笑む者もいる。まさに社会主義であり、崩壊したソ連型経済を見ても、そのような試みは到底長続きする制度ではないと思われる。また、建設業界において人材の確保は重要であるけれども、ＣＣＵＳはこれについても有効とは思えない。職人は自分の腕を評価してもらいたいが、それは国からランク付けされることではない。自らの腕を評価できるような資格制度は大事であるが、それを一方的なランク付けで解決することはできない。また、働いた経歴を蓄積するとしているけれども、これが漏洩したり、あるいは意図的に公開されたりすると、他の雇い主、雇用者に容易に把握されてこれまでせっかく育ててきた職人を引き抜かれてしまう、つまり引き抜き・引き抜かれの泥試合になるという危険性があり、結局は特定の会社に人材が偏って集積されてしまう可能性にもつながり、建設業全体としてはとんでもないいびつな構造になってしまう恐れもある。国会は行政をチェックすることが最も大事なので、国会議員が監視できる体制が必要であり、究極的には法律をちゃんと整備してこのＣＣＵＳをコントロールしていくべきであろう」と述べている。

## 建設職人基本法超党派国会議員フォローアップ推進会議

フォローアップ推進会議で事務局長を務める**長島昭久衆議院議員**も同じような考え方であり、「CCUSによって序列をつけるということは職人にとっては屈辱的ではないか。しかもそれに抵抗できないというのは民主主義なんだろうか」という根本的な疑念を持っている。評価システムというものはどの社会でも必要であろうけれども、それを国がなぜ行わなければならないのか。いま進んでいるこのCCUSの落とし所をどう見るかということはむずかしい問題であるけれども、やはり国交省から民間へとこの仕事を移譲していくべきであろう。そのボールは国交省が持っている。自分としては国が関与する限り、このCCUSはノーである。国にそのような権限はないと考える。議連での議論により、新しいスキームを提示できるようになったらいいなと思う」と述べた。

長島昭久
衆議院議員

**松原仁衆議院議員**は、「職人の7、8割が賛成するシステムであればCCUSも評価できるだろうが、現実にはそうなってはいない。これを廃案にしてしまうことはむずかし

松原　仁
衆議院議員

福島伸享
衆議院議員

いと思うけれども、経営側と職人側双方の理解を深める話し合いが必要ではないか。プラスの制度という風に持って行きたい。この問題のリーダーである小野辰雄さんと関係者が徹底的に議論するべきであろう。いずれにしても、このやり方で職人がやる気を起こすというのは到底思えないので、そういう方向で持っていくべきだ」と言う。

**福島伸享衆議院議員**は、「いつものやり方として国はモデルケースを行ったり、何らかの協議会を開いたりして徐々に外堀を埋め、気づいたら本格的に始まってしまい、現在１００万人も登録を完了している状況である。ＣＣＵＳは一貫して法律に基づいていないので、政治家がまったく関与する機会がない。またランク付けによる処遇改善と言ってるけれども、現場ではそれが反映されているという実態も実感もない。実務的に考えると、入札段階では高ランクの職人を使うという仕様をつくり、高い金額で参加し、落札後の実際の工事では安い下位ランクの職人を使っても、それを止める手立てはないのではないか。国土交通省にもう少しこれについて聞いてみたいが、これが正しいということであれば一次受注者の利益が増えるだけである。評価は民間の専門家同士にやらせ、発注者や行政に邪魔されずしっかり機能するために法律で枠組みを作り、行政が評価にかからないということでこの制度を改善していくべきであろう。ランク付けは個々の職人の権利に大きく関係する。低ランクになってしまうと低賃金ということにもつながり、これは財産権の制限になると思われる。財産権を制限する制度は何をおいても国会で議論することが必要であり、これを怠っているということは違憲の疑いもぬぐい切れない」と厳しい意見を述べている。

青木愛
参議院議員

**青木愛参議院議員**は、「そもそもCCUSという制度については反対だ。人権侵害になるのではないか。何と言っても職人は、災害大国日本においていち早く現場に駆けつけ復旧復興のために働く人々である。行政が机上の空論で作ったようなシステムで縛るべきではない。現場で血の滲むような努力をしている職人を勝手にランク付けするという発想自体が失礼である。日本の将来のため、子どもの将来のためにもさまざまな現場で働いている職人に尊敬の気持ち、感謝の気持ちを抱かせるような制度が必要である。行政は根本的に間違っているのではないか。これまでも現場で培ってきた評価システムというものがあるのに、国が直接雇用もしてないのにランクづけして評価する必要はどこにあるんだろうか。ＣＣＵＳを廃止するには国会議員の力が必要であり、今後、民間工事にもＣＣＵＳが本格的に導入されるなかで、制度の廃止には思い切った政権の考え方の転換が必要である」と言う。

小宮山泰子
衆議院議員

**小宮山泰子衆議院議員**も、「場合によっては法律の制度が必要ではないか」と言い、ここは他の先生と共通したところである。小宮山議員はＣＣＵＳの理念そのものが悪いと思っていない。運用上問題があるのではないかというスタンスである。なぜ理念がいいかというと、ＣＣＵＳで職人の技能や経験が客観的に測定できるということで、それにより職場での適切な配置が可能となる。経歴の蓄積が可能となることもよいことだと述べている。ただ、国によって職人がランク付けされるということについては、それは差別につながりかねないと危惧されているようである。また経験や技能があればストレートに反映できるかというと、残念ながら職人のなかには発表力が不十分な人、読み書きが苦手な人などもいるため、そういう方々が自分の技能表現ができない、経験表示ができないということで低ランクに分類されるという技術的な問題も考えられるということである。いずれにしてもこの評価の問題を正確にできないと、このＣＣＵＳは前進できないという考えである。

舟山康江
参議院議員

また、**舟山康江参議院議員**も小宮山議員と同じように、「制度理念には賛成する。が、その前に建設業界の重層下請構造を是正しなければならない。また下請けに対する人件費削減は認めてはならないし、支払い透明化こそ絶対必要なんだ」と言う。CCUSの運用のなかでは職人のデータが見られてしまうということから、職人の引き抜きや情報漏えいのリスクがあるというようなことの注意点もあげている。ここでもやはり議員によるチェック体制の整備、とりわけ適切に運用するための法律の必要性をあげている。

逢坂誠二
衆議院議員

法律による制度化を求める声は他にも多く、**逢坂誠二衆議院議員**は、「残念ながらCCUSはスタートしてしまっており、また100万人も登録しているので、廃止にはなかなかできない」と、現実的な問題として考えていた。この問題は働く職人たちの思いと業界のルールをどう適合させるかが課題であるということで、それを調整するのがまさに国会であるけれども、国会で議論しないで法律の外で作ってしまったこの制度については、やはり法律で再度位置づける必要があるとの考えであった。また普及の速度が職場によっても職種によってもバラバラであるということも問題で、極めて進んでいるところもあればまったく手付かずのところもあるということで、今後技能者間の格差が広がっていく可能性もある。ともかくいろいろな思いはあるけれども、差別を助長するという観点に加えて、さらに総合的な検討が必要であるという考えである。

芳賀道也
参議院議員

**芳賀道也参議院議員**は、「政府が行う横文字の仕事というのは、ＣＣＵＳやカタカナ言葉で表現するものですけれども、このようなものはだいたい怪しいものが多い。いろいろな職種があるのに、勝手に4つのランクにして、しかもそれが給料アップにつながるのかまったく疑問である。行政がそこに大きく関与していくやり方はおかしいと思う。その裏にまた認定ビジネスという悪評を立てられる恐れはないのだろうか。それでも職人の給料アップ、賃金アップにつながるのであればよいけれども、現場の職人のアンケートの答えを見たり直接聞いたりするとほとんどが批判的である。職人の腕というものは経験の蓄積や資格だけではなかなかわかりにくい。それがわかっていない人はどうやって測るのか。数値化はなかなかできないのではないか」と指摘している。

**阿部知子衆議院議員**は、「職人の世界はプロ意識、自分の技量をみがくことに対する

阿部知子
衆議院議員

新藤義孝
衆議院議員

職人気質で成り立っていて、それがあるからいいものができる。職人の誇りは人格でもある。CCUSは長年培ってきた職人の誇り、言い換えれば人格を侵害するものではないか。CCUSのメリットを受けるのは発注者側だけに思える。資格は働く観点から成り立ち、働く者がハンドルできるものであるべきであって、国がそれを運営するのはおかしい。CCUSはお金がかかる上位ランク者よりも安いランク者を安易に使うとするシステムではないのか」と、構造的な問題にも触れている。「そんなことを考える前に、重層下請け構造をなくすとか、安全対策の徹底。こういうことをまずなすべきであろう」という痛い指摘も行っている。

これらに対して、CCUSを肯定的にとらえ、真に職人の処遇改善のための制度となるよう改良していこうとする立場の議員がいることも事実である。

**新藤義孝衆議院議員**は、「官民協力して職人の処遇改善、若年層の建設業への入職促進を図るという意味では大事なことである。また客観的な指標がないと、いつまでたっても建設職人の待遇が上がらない。CCUSは処遇、待遇改善のいい機会である」ととらえている。しかし、「制度の枠組みは国が作ったとしても運用はそれぞれの業界団体に任せるべきだ」というのが新藤議員の持論であり、議員の指摘に対し国交省もそのことは認めていると強調していた。したがって今後ますますこの民間による運用が大事になる。また若年層の入職促進に関連して、「年長者の技能を有する人を若年層と一緒に扱うということには問題がある」ということは常に新藤議員が指摘していることであり、過渡的措置として公平あるいは差別感がないような形での取り扱いが必要との指摘もあった。

古川元久
衆議院議員

**古川元久衆議院議員**は、「一人親方の組合員が多い全国建設労働組合総連合（全建総連）も積極的であると聞いているので、ＣＣＵＳには賛成派が多いんじゃないか。ＣＣＵＳが有効になるような制度に持っていかなければならない」との基本的なポジションを取っている。古川議員は自らが与党の立場にあったときに、イギリスが行っている類似の制度ＣＳＣＳを導入するべきではないかと考えたことがある。しかしながらイギリスの制度は、建設職に限らず、一般的な他の職人、職種の人たちのキャリアも評価して、それに社会的ポジションを与える仕組みであり、ＣＣＵＳとは異なることを指摘しておきたい。

**上月良祐参議院議員**は、「建設職人の給料がキャリアアップとともに上がっていく仕

上月良祐
参議院議員

組みづくりは非常に重要」と言っている。また、「そのように給料が上がっていく構造でなければ、働く動機づけが持てないのでは。ポイントカードみたいなものでキャリアを管理するというのは、機械を全ての建設現場に置けるのか、ITシステムの管理コストが大変ではないか、天下り先の仕事になってしまうことはないか、といった課題が考えられる。小野さんが危惧しておられる人権の問題については、ルール作りに民間の各業界の統括団体がしっかり関われるかどうかが重要ではないか」と述べている。

片山大介
参議院議員

**片山大介参議院議員**は、「100万人が登録したなかで、このシステムを止めるわけにはいかないだろう。技量に対して対価を払う今日の建設社会においては、建設職人にもその評価が必要であるということである。ランク付けがしっかりなされ、処遇に反映するのであれば、それはいいことである。反映できないということであれば、改善が必要である。基本的には建設業界を働きやすい職場にするためにCCUSが必要だという立場である。民間からもいろいろな意見があったけれども、経営者側からは一部の人を除きCCUSは重要なことだという意見が多い。ただし、基本的人権問題への影響については深く考えが及んでいない」という率直な面も一部に見られた。

前原誠司
衆議院議員

佐藤信秋
参議院議員

このほか、**前原誠司衆議院議員**は、「ＣＣＵＳは必要な制度だとは思う。こういういいことはどんどん実行するべきである。ただ、その過程において職人や会社が困ってるような事案については立ち止まって検討し、改善すべきだ」と総括していた。

また、自公議連で「建設工事従事者の安全及び健康の確保に関する基本的な計画」見直しの責任者を務めた**佐藤信秋参議院議員**は、「何よりも、私が基本にしているのは建設産業で働く人たちの処遇。それが一番大事。建設職人の皆さんの処遇をよくする、これが一番大事。ＣＣＵＳがそれに役立つかどうかが大事なポイントである。今のところは、働いてる人たち自身が、自分たちの生活にとって、その処遇にとって役に立つと思ってる人が非常に少ない。どうやってそれを便利なものにしていくのか、あった方がいいねと思ってもらう、その努力をこれからしなければならないと、そういうことなんじゃないのか」と述べている。

## CCUS制度の当初の目標は未達成

以上、国会議員の激励を兼ねた指摘・見解を一部紹介したが、このなかで「100万人が登録したなかで、このシステムを止めるわけにはいかないだろう」との認識をもっている方が多いが、プロパガンダがなせるものであるのか、より細かく検証してみよう。

### 本格的運用を軌道修正?

令和4年11月15日の閣議後会見において、斉藤鉄夫国土交通大臣はCCUSの登録技能者数が100万人を突破したことから、建設技能者の処遇改善につなげていくことが重要であると発言、マスコミ報道が大々的になされ、いかにも順調にCCUS登録が進んでいるかのような印象を与えている。しかしながら、CCUS導入当初の登録目標は350万人といわれる全ての技能者を令和4年度中には登録することではなかったのか。この点について大臣発言は何ら言及していない。

令和2年3月に取り纏められた「建設キャリアアップシステム普及・活用に向けた官民施策パーケージ」によれば、国直轄・地方公共団体・民間の全ての発注工事において、令和５年度からＣＣＵＳ完全実施（全員参加）を目指したい。つまり１００万人が登録したことは当初の目標数値の３分の１に過ぎないと評価せざるを得ない。

にもかかわらず国土交通大臣がＣＣＵＳの登録技能者数が１００万人を突破したことは凄いことであるかのように喧伝することは、まさにプロパガンダのなせるもの、ＣＣＵＳ問題の本質を見誤ることとなる。それが先に紹介した国会議員発言につながっているとも考えられる。

そもそもＣＣＵＳ登録数が当初予定された数値に達しなかった原因の一つには、事業者、建設職人双方にとって登録することのメリットが見いだせないことにある。なぜ登録するのか、登録すれば自分たちの処遇改善につながることへの実感もなく、ただ〝登録せよ〟との誘導、圧力に従う所作にほかならないのではないか。

### 登録させることが自己目的化？

一人親方を中心とする中小零細事業者では日々の事務処理を担当する者を雇う余裕もなく、家族など身内の者で対応している。ＣＣＵＳ登録には細かな事務手続きが必要となることから処理が困難で、ＣＣＵＳ登録を代行業者に事務委託すると、さらに費用負担を生じることとなる。さりとて登録することに躊躇していると、元請事業者関係や上部団体から早く登録することを迫られ、それが達成できなければ仕事を回してもらえないなどの不利益状態に陥るとの声が聞かれる。

さらに、外国人技能実習生を雇用しているある事業者は、彼らをＣＣＵＳに登録させないと仕事に従事させることができないという悲鳴が上がっている。たびたび外国人技能実習生の失踪事件など管理不十分な実態が報道され、これらを防止するための一つとして、外国人技能実習生（特定技能を含む）を受け入れる際にはＣＣＵＳへの登録が必須という大義名分になっているが、事業者には費用負担増につながることとなる一方、果たして外国人技能実習生問題に実効ある対策となっているのだろうか。

ＣＣＵＳ登録と同じような制度として、平成28年から開始されたマイナンバーカード制度があるが、その普及率は現在でも半分にも達していないのが実情である。つまり、多くの国民にとってみればマイナンバーカードを保有しているメリットが依然見出せないからではないのか。確かに、地震、災害等があった場合、これを保有していると行政機関での本人確認等の手続きが簡便になるかもしれないが、それだけでは国民全体に普及しないのが現実で、巻き返しを図るべく健康保険証と一体化するなどマイナンバーカードの普及促進のため、国や自治体はたいへんな重荷を背負っている。なお、マイナンバーカードに関し、ＣＣＵＳ問題にも大いに参考となる事例として、カード取得の有無による公共の差別から、住民の力で解放されたケースを次に紹介する。

建設職人の処遇改善、地位向上を図ることは何ら反対するものではないが、果たしてＣＣＵＳ制度を強引に推進して登録、そしてランク付けを図ることがそれにかなうものか否かについて、もう一度、原点に立ち戻り検証すべきではないのか。そのためには現在登録されている１００万人について、ただ「素晴らしい」とプロパガンダするのではなく、登録実態を正確に検証することにもっと真剣に取り組むことによって、真の方向性が見えると言えよう。

コラム

「マイナ取得で給食無償」の方針を撤回、保護者ら反発
～任意であるはずが強制?!～

世帯全員のマイナンバーカード取得を条件に子どもの学校給食費や保育料を無償化する方針を打ち出していた岡山県備前市が2023（令和5）年4月4日、この条件を撤回することを表明した。2023年度はカードの有無にかかわらず無償化する。保護者らの一

部が「任意であるはずのマイナンバーカードの取得を強制しかねない」と反発していたためだ。

市の「マイナ取得で給食無償」の方針表明後すぐに反対運動が始まり、数日後には、子育て支援を行っている市民団体が市長や教育長宛てに方針撤回を求める文書を提出した。団体は「マイナンバーカードの有無で無償かどうかを決めるのは教育の平等に反し、差別だ」と主張。ある保護者は、「子どもの多い家庭は有償となれば負担が大きく、通知文を見て脅迫状だと思った。カードの取得は任意のはずなのに、給食費のために強制的に取る人も出てくるのではないか」と憤っていた。

団体メンバーらは署名活動を展開し、これにカード取得済みの人や備前市以外の人も広く賛同。団体は2月20日、市の人口より多い約4万6千人分の署名を市に提出していた。3月には、岡山弁護士会も、「公平でなければならない教育や行政サービスに合理的理由のない差別を持ち込む」と再考を求める会長声明を出していた。

市によると、市のマイナンバーカード交付率は令和4年12月末現在、県内の市町村でもっとも高い67・2%であった。

## ＣＣＵＳ推進者の意見とその問題点（経審加点の見切発車）

角度を変えてこのシステムを推進している主要なメンバーのご意見を分析してみよう。建設通信新聞は２０２２（令和４）年12月末から「ＣＣＵＳ１００万人突破インタビュー」と称して、これらキーマンの方々にインタビューしているところであり、そのなかから重要な点について取り上げてみたい。

まず、建設業振興基金の谷脇暁理事長、この方はＣＣＵＳそのものを運用する（財）建設業振興基金の責任者である。またかつて国土交通省建設経済局長を務めており、そのときからもＣＣＵＳの推進に深く関与している方である。この方は、まず一つは、これだけ成果が上がっている珍しい例は、官民一体となった問題にはあまりないということをおっしゃっており、元請、協力会社、労働者が一緒に推進した極めて珍しい事例であるとコメントしている。ある程度はその通りであるけれども、ＣＣＵＳが成功したとはとても思えない状況が続いていることは事実であろう。というのは、当初の目標である全建設技能者３００万人ないし３５０万人のうち、今年でようやく１００万人に達したという（登録者が１００万人にしか達していない）事実である。これは国交省の当初の計画である令和5年には本格運用つまり全技能者がこのCCUSに参加するということを掲げていたことから比べると、その目標の3分の1ほどに過ぎないということである。谷脇理事長も認めているように、これまでは日本建設業連合会（日建連）の旗振りで大手の現場を中心に普及してきたCCUSであり、今後は地方の中小規模工事や民間の設備修繕系の技能者にも広げることが大事だとのコメントであるが、実態はまさにその通りであり、今後これらの残る250万人ほどの技能者にどのように浸透していくかが非常に重要で困難な課題である。その上で地方自治体など公共工事発注者と連携するためのサポートとして説明会の開催を強化するとしているが、すでにこれらの者に対しては何回も説明会を開催しており、今後のその浸透がこれにより飛躍的に伸びるという風には思えない。また若者への普及という意味で全国の建設業関係の教育訓練機関でPRに努めていくということであるが、その具体的メリットがもっとはっきりしない限りむずかしいと思われる。

その他、多種多様な民間の事業体と連携してのカード保有者への特典も考えているということであるが、例えば割引とかポイントの付与ということであろうが、そういうことは二次的なものではないかとも考えられる。話は広がってさらにダンピングとかダンピング抑制とかこのようなことにも使えるという話であるが、とりあえず現在は足元を固めることが重要だというところが率直な問題点であろう。

次に12月22日付けで、国土交通省の現役局長である長橋和久氏からもコメントが建設通信新聞に寄せられているところであるが、その特徴は率直で、「今はあくまでも通過点に過ぎない、真に業界共通の制度やインフラとなるよう引き続き普及促進に取り組む」というように、もろ手を上げて大成功という風には理解はされていない。それは正しい姿ではないだろうか。

これまでも公共事業を中心にモデル事業の実施、地方公共団体の活用などをやってきたわけであるけれども、これでは限界を感じたので２０２２年8月経営事項審査を改正し、カードリーダーなどを設置した元請企業に加点つまり点を与える項目を新設した。この制度改善については非常に大きなステップと位置付けており、成果の一環として監理技術者などの現場兼任認容の際にＣＣＵＳによる施工体制の把握を続けることをさらに検討していきたいと話している。経営事項審査の方法、加点についてはその効果がある程度のインパクトを与えるものと思料されるけれども、他方これはＣＣＵＳ制度に対する重大な変更であり、国会議員からなる議員連盟などへの十分な説明もないということから、政治の意向などかまわず行政が一方的に進めている面は否定できないのではないか。そのほか、カードリーダーを安価なものにかえるとか、また飲食、物販などのポイントや特典を付与するサービスなども大事だということを強調することは、先ほどの建設業振興基金谷脇氏と同じような考え方であるけれども、所詮は枝葉末節の話であり、本丸である処遇改善についてはレベル別、職種別に賃金目安を示す、それを今春には示すと言っているけれども、まだ現実化していない。この点について4月に開かれたある会合で、国土交通省の担当室長は「国による賃金目安はこの夏にも示したい」とその遅れを認めている。もともと目安を示すことは至難の業であるうえに、小野が指摘しているように行政が一方的に目安を示すことは違憲の疑いがある。「見える化」は非常に重要で、これによって将来の展望も描きやすくなると言っているけれども、今どのような目安が示されるのかが非常に注目されるが、これが果たして絵に描いた餅なのか、実効ある対策なのかはまだやってみないとわからない面も大いにある。一方このことが賃金の基準を縛ってしまって、法律でもない一つの〝目安〟が一人歩きするということは、現在の労働法制との関係において、果たして整合性がとれたものなのかどうかは疑問が残るということである。

なお、この発言のなかでも言及されている「経営事項審査へのCCUS加点」について、その問題点を指摘したい。国土交通省はCCUSの浸透度合いが低いということを重く見てテコ入れ策を打ち出し、経営事項審査において就業履歴の蓄積のための必要な措置（カードリーダーの設置など）を講じた場合に、経営事項審査に加点するという制度である。これは、令和5年8月14日以降を審査基準日とする申請で適用されるものである。就業履歴の蓄積のために必要なカードリーダーなどの必要な環境整備についてはだれもが指摘するようにほとんど進展しておらず、一部大手の工事現場で散見される程度の普及率である。このため、カードリーダーの設置にドライブをかけるために、経営事項審査において次のような措置が講じられることとなった。加点要件として審査対象工事のうち全ての公共工事で該当措置を実施した場合10点、さらに民間工事を含むすべての建設工事で該当措置を実施した場合15点という極めて大きな得点を与える。今後の公共事業への参入について、当該事業者については便宜を図るという制度である。このことについては措置そのものの異例さのほか手続き上の問題も指摘せざるを得ない。フォローアップ推進会議は、第15回の会議（令和4年5月11日実施）において「まとめ」を公表している。そのなかで、CCUSについては、「まとめ」第4項において「CCUS問題を推進するにあたっては、その内容を国会での調査も踏まえ今後も政治主導で国会議員の十分な理解を得ながら適切に進めていく」との決議をしている。しかし、その後国土交通省はこの経営事項審査の改正のために必要な審議会を開催し、独自の判断でこれを決定。そして令和5年8月14日から経審適用という一方的なスケジュールで進んでいる。これは明らかにフォローアップ推進会議での国会議員の総意に反する手続きで、CCUSについて事前にこのような重要政策を決定、実施しようとする場合、国交省はフォローアップ推進会議を窓口に国会議員に事前に報告し、その了承を得るという手順を踏むのが適切ではないのかということである。なお令和4年、国交省がアンケート調査を行ったところ、経営事項審査受審企業9、585社に対して有効回答5、026社が回答し、そのなかで元請総合工事業者は全建設工事で実施するというものが1、030社、公共事業のみで実施するというのが494社、いっぽう設備工事事業者は回答企業数4、106社のうち全建設工事で実施するというものが843社、公共事業のみで実施するというものが232社ということで、この経営事項審査への対応についてはまだまだ出遅れている状況であるが、今後活用を検討するという企業も多数ある所から今後の成り行きが注目されるところである。

3番目にこのCCUSに構想段階から関わり、イギリスに出張してその原案となるイギリスの制度CSCSの実態を視察してきた芝浦工業大学の蟹沢宏剛先生、CCUSの提唱者と言ってもいい先生のコメント（2022年12月23日付建設通信新聞）は、やはり建設業振興基金や国土交通省と同じような認識にたち、むしろ現在の人数は前二者に比べてもかなりたくさん登録してると肯定的に評価している。また、建設職人がカードタッチすることによって毎日１億人という数字がデータ上に登録されるこのスケールメリットはビッグデータとしてさまざまな面で活用できるとしている。しかし、これらを重ねれば重ねるほどこの制度のオープンなスタイル、つまりどなたでもこの就労状況がオープンにされるという状況が助長されてしまうという二律背反の状況が拡散することとなり、それが問題の一つの論点である。いわゆる個人情報の保護とどのような関係になるか十分に分析されていない。繰り返すが公開されればされるほど個々の職人の個人的な履歴っていうものが明らかになって、その人の人権を侵害する可能性が増大するということである。また先生は、先進国でこのＣＣＵＳのような仕組みがないのは日本だけと言っても過言ではないと指摘されるが、どのようなデータでそのように言われてるのかやや不明である。イギリスの制度は確かにこの日本の制度よりも充実したイメージで把握されているわけであるけれども、筆者の調べたところによればイギリスの制度は法律の根拠があること、それから建設業に限らず他の業種にも同じような形で適用されてるということであり、日本が建設業に限り、しかも法律の根拠もないという実情とはだいぶ違うようにも考えられる。その他ＣＣＵＳの収益を一部基金として積み立てるとか、いろんなことが夢として語られるけれども、現在のＣＣＵＳが果たしてそれだけの利益を産んでいるのか、その辺もまだまだ冷静に見る段階にあると思われる。先生の意気込みは十分理解できるけれども、やはりまだ中途半端、道半ばっていうのが正しい分析ではないだろうか。このほか日建連や全建、その他の方々からもこのシリーズで意見が寄せられているけれども、全て自分たちが考える一つのフレームのなかでの話であって、残念ながら労働者、労務者、技能者の立場に立った率直な意見というものはこの建設通信新聞の記事では語られていないのが現実である。

清水武会長
日本鳶工業連合会

全国仮設安全事業協同組合と包括連携協定を結んでいる立場の日本鳶工業連合会の清水武会長は、「このCCUSは根本的には安全、安心な環境作りに貢献するということで基本的に賛成だが、そのような目的で始めたのに最近は目的が違ってきている、運用にも多々問題がある」と率直に述べている。また、4ランクは現実的には鳶職の実態に合わないので8ランクないし10ランクに分けることを国に要望しているとのことである。さらに、「登録者が100万人と言っているけれども実際にカードリーダーを使ってる人は7万人くらいしかいないとの調査もある。まだまだ浸透していないのではないか」と指摘している。

最後に、建設経済研究所の佐々木基理事長の見解を紹介したい。佐々木理事長は長年小野辰雄と親交があり、国土交通省の最高幹部の一人でもあった。建設経済研究所の直

佐々木基理事長
建設経済研究所

前はＣＣＵＳの運営主体である建設業振興基金の理事長を務めていたので、運用の実情はよく理解している。

「現時点では履歴データが不十分なのでＣＣＵＳが処遇改善につながるという実感を持ちにくいのは事実であるが、担い手が減っていく中で、職人のキャリアアップを可視化して魅力を高めていく最大の武器になることは間違いない。早晩、データも蓄積されて職人の方の励みになっていくだろうと思う。職人のキャリアアップに応じて賃金が上がり処遇が良くなっていくことは、職人の（国による）ランク付けとか、職人の賃金を（国で）決めるということとは全く異なるものである。官民挙げて、まさに小野さんが長年取り組んでこられた職人の地位向上を目指した画期的な取り組みが始まったのであるが、小野さんの理解が得られなかったのは本当に残念に思う」と述べている。

以上分析してきたように、ＣＣＵＳについてはいろいろな問題があり、現在の状況では国会議員の間でも疑問が多く、少なくともやはりなんらかの転換、制度改革というものが最低限必要である、というのが一致した見方と思われる。

労働界の重鎮である古賀伸明元連合会長は１９４４年のフィラデルフィア宣言を引用し、「労働は商品ではない。働く尊厳、労働の尊厳というものが極めて重要である。第

古賀伸明
元連合会長

87回ＩＬＯ総会（１９９９年）でのファン・ソマビア事務局長の報告においても、『ディーセント・ワーク』すなわち『働きがいのある人間らしい仕事』、が大事であると述べている。自由と平等権利、社会保障、社会対話が確保されていて、が保障され、働く人々の生活が安定する、すなわち人間としての尊厳を保てる生産的な仕事であることが必要なのである。また制度を作るには、大事な要素が３つある。透明性と納得性と数ありきでないこと。納得性というのは、関係者が徹底的に議論して制度を作らなければならないこと。制度に対する苦情処理機関もなくてはならない」と、造詣の深い意見を述べている。

行政当局や建設関係団体は、ここに寄せられた意見や見解を十分参考にして、今後ＣＣＵＳ問題の大改造に取り組まれるよう期待したい。

謹告

## 「350万人建設職人をCCUS問題から解放する会（仮称）」の立ち上げにつきまして

生涯一職人をつらぬいた小野辰雄氏は、建設職人の地位向上と安全・安心のために闘いぬいた人でもありました。ものつくり大学創設や全国仮設安全事業協同組合設立に尽力し、建設職人基本法の成立にも多大な貢献をしました。

多くのことを成し遂げた小野氏が最後に頭を悩めたのが、建設キャリアアップシステム、いわゆるCCUSです。

小野氏の遺志を引き継ぎ、全国の建設職人を守ろうと、「350万人建設職人をCCUS問題から解放する会（仮称）」の立ち上げが検討されています。

# 第2章

# 小野辰雄　人生の軌跡とその業績

## おいたち

### 因幡の白うさぎ

昔々、隠岐の島に住む1匹の白兎が、ある姫神に会いたいと思い因幡の国へ行きたいと考えていました。しかし、隠岐の島と因幡の間は海でとても自力では渡れません。

そこで白兎はワニザメをだまして向こう岸に渡ろうと考え、『ワニザメさん、君たちの仲間と僕たちの仲間とどちらが多いか比べてみようよ』と提案し、ワニザメを因幡の国まで並べさせ、その上をピョンピョンと渡っていきました。

そしてもう少しで向こう岸に着こうというとき、あまりの嬉しさについ、『君たちはだまされたのさ』と言ってしまいました。それに怒ったワニザメは、白兎の体中の毛をむしり取り、あっという間に丸裸にしてしまいました。

丸裸にされた白兎がその痛みで砂浜で泣いていると、そこに大国主命の兄神様が大勢通りかかり（大国主命の兄神達は、隣の因幡の国に八上姫という美しい姫がいるという噂を聞きつけ、自分のお嫁さんにしようと、因幡の国に向かっている途中でした）、面白半分に『海水で体を洗い、風に当たってよく乾かし、高い山の頂上で寝ていれば治る』と言いました。白兎が言われたとおりにしてみると、海水が乾くにつれて体の皮が風に吹き裂かれてしまい、ますますひどくなってしまいました。

あまりの痛さに白兎が泣いていると、兄神達の全ての荷物を担がされて大きな袋を背負った大国主命が、兄神達からずいぶんと遅れて通りかかり、白兎に理由を尋ねました。そして、『河口に行って真水で体を洗い、蒲の穂をつけなさい』と言いました。

白兎がその通りにすると、やがて毛が元通りになりました。たいそう喜んだ白兎は『八上姫は兄神ではなく、あなたを選ぶでしょう。あのような意地悪な神様は、八上姫をお嫁にもらうことは出来ません』と言い残し、自らが伝令の神となって、兄神達の到着より前に、この事実を八上姫に伝えたのでした。

これを知らない兄神達は、先を競って姫に結婚を申し込みましたが、姫はそっけなく対応し、『私はあなた方ではなく、大国主命の元へ嫁ぎます』と言い、兄神達を追い返したのでした。

因幡の白うさぎの像（鳥取県鳥取市　白兎神社）

これは、小学生のときに小野が演じた「因幡の白うさぎ」のあらすじである。小野はこの劇で、白うさぎを演じた。ワニザメをだました白うさぎであるが、これほどまでによってたかって痛めつけられるのか、悔しいと思ったそうである。その痛さと悔しさが今も忘れられないと言う。

## 初めての大きな挫折

小野辰雄は太平洋戦争前の1940（昭和15）年、6人兄弟姉妹の次男として大連で生まれた。父親勘七が満州警察に勤め、警察署長をしていたからである。母親タケは学校の先生をしていた。

大きな官舎に住み、裕福な暮らしをしていたが、1941年に太平洋戦争が始まり、状況は一変した。大連も連合軍の艦砲射撃などの攻撃を受け、しょっちゅう防空壕に逃げ込んでいた。ネズミやカエルを恐れながら、空襲から逃げていた。

11月、母親と子ども6人の一家は貨物船に乗り、船底の荷物の間に隠れていた。そのときの冷たさがいまも忘れられない。着いたのは門司港だった。貨物船にどのくらい乗っていたかは記憶にない。

門司から汽車に乗って上野に着いたのは12月のことであった。田舎の親戚が迎えにきてくれていたが、汽車がなかなか出発しない。野宿しながら、ときには雨に降られ、数日過ごした。そのときも寒かった。そして、やっと父や母の故郷である山形県平野村（現在の長井市）に着いた。

辰雄（右端）が幼少のころの小野一家

平野村では母親の実家や父親の実家の世話になった。母は行商をしながら自分たちを育ててくれた。５歳の自分も母を手伝った。

兄と姉は大学に進んだ。自分も大学へ行こうと思っていたが、経済的な理由で大学へ行けないことがわかった。高校2年まで首席であったが、大学へ進学できないことで少しくさってしまい、10何番まで成績を落としてしまった。

高校卒業後の就職先には銀行を考えていた。一次試験、二次試験を通過し、三次試験は面接だった。意気揚々と仙台に向かい、そこで面接試験を受けたが、そこで落ちた。理由は片親ということであった。ショックを受け、怒りを感じた。片親でなぜ就職できないのか、片親でだめならなぜ一次試験と二次試験を通過させ、わざわざ仙台まで呼んだのか。初めての大きな挫折であった。

## 臨時養成工として就職

気を取り直して次に就職試験を受けた先は石川島重工業であった。これには理由がある。愛国少年であった小野は子どものころ戦記物を読みあさっていた。大きくなるにつれ、軍人ではなく戦艦造りの仕事をしたいと思うようになっていた。日露戦争でロシアのバルチック艦隊を破った日本連合艦隊の話に影響されたのかもしれない。そのことがあって、石川島重工業の短期見習い臨時養成工の募集に飛びついたのだ。受験者は2,500人ほどいて、全員が体育館で試験を受けた。50人しか採用されないという50倍の狭き門を小野少年は突破した。

1958年3月、18歳の小野は列車で故郷を旅立ち、上野駅に着いた。数日、兄のアパートで過ごし、その後石川島重工業の寮に入った。

職場には、ボイラー製造と造船の二つの部門があった。初めの三カ月は見習であったが、この二つの部門で働くことができた。負けん気と勤勉さをもつ小野は、半年後には正社員として採用された。また、溶接に始まって、製缶、板金、鋳造、鍛造などさまざまな職種を経験させてもらい、取れる資格は全部取った。小野は言う。

「私が就職したころは、船の建造技術がリベット工法から溶接工法へちょうど切り替わるころでした。私は運動神経がよく、高所での鋲打ちも簡単にできましたが、新しく普及した溶接技術も習得できたので、職人としてはとてもラッキーでした。溶接は冶金工学がわかると簡単にできるのですが、造船所に運よく大阪大学で冶金工学を学んだ人がいて、その人から理論を学びました。理論と技能を一致さ

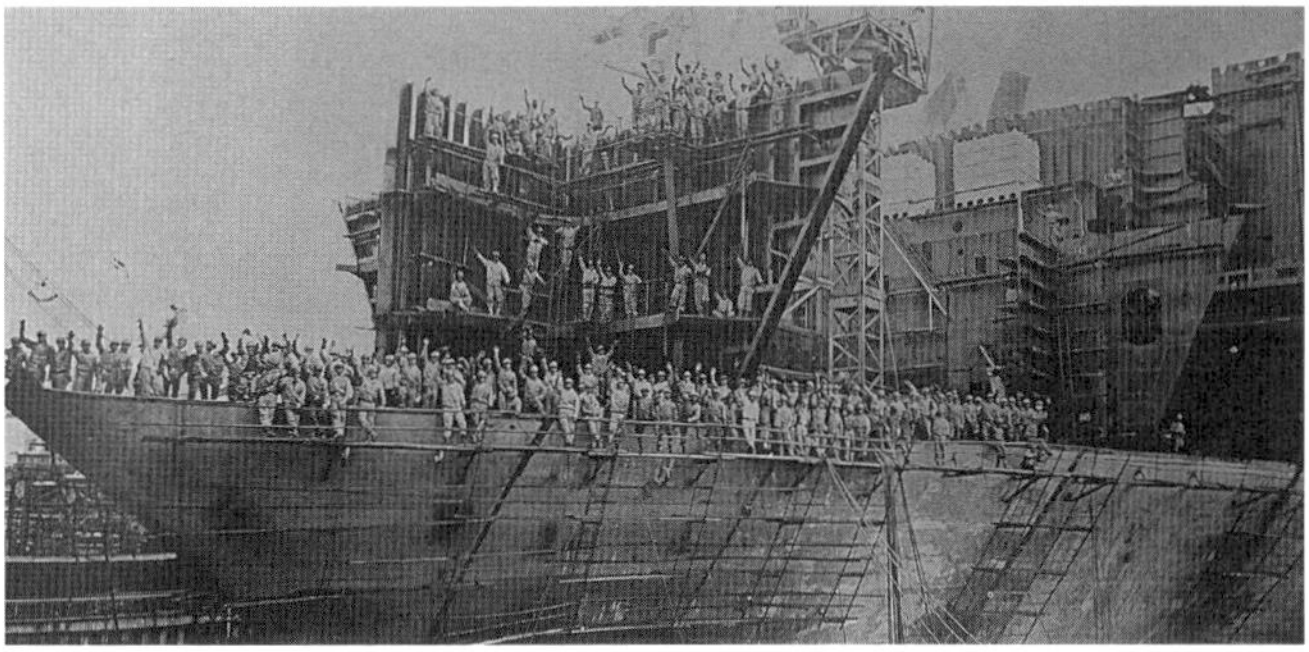

小野が入社したころの石川島重工業　造船所の様子。
活気と建造中の船の巨大さが伝わってくる

せることができたので、溶接の細部までわかるようになりました」

溶接の理論と技能を究めた小野は、普通は10年かかると言われるボイラーの特殊汽缶溶接士の資格を見習い期間中に取得している。

また、小野は三角関数や微分・積分などの計算も得意だった。これが他の職人と大きな差を生んだ。他の職人は、「原寸場」という大きな部屋で、実物大の絵を描いて寸法を入れて設計図を作っていた。小野は計算で設計ができたのである。このころの石川島重工業の造船方法は、船の躯体ができてからプロペラシャフトやエンジン、ボイラーなどを艫《とも》のほうから引き込んで取り付けるというものだった。こういう重量物を扱うのが重量鳶だが、仕事がよくできた小野はすぐに重量鳶にさせられている。


仕事がよくできた小野だが、石川島重工業の職人に対する差別には腹がたった。臨時工あるいは臨時工上がりの正社員と、高卒あるいは大卒の職員とでは待遇に雲泥の差があった。まず入場する門が違い、食堂や風呂場が違った。職人の着替えはミカン箱を使い、そのミカン箱に座って昼食を食べた。職人の風呂場は床がぬるぬるで、垢《あか》が浮いている風呂に入った。

仕事の出来不出来に関係なく、なぜこんなに差があるのか、怒りを感じない日はなかった。

## 一人親方になる

小野は、石川島重工業で3年間働いた。当時石川島重工業は、ボイラーもタービンもつくっていて、施設は機械工場、タービン工場、鋳造工場、鍛造工場などにわかれていた。小野はすべての工場で働き、溶接、鍛冶、板金、鋳造、鍛造、製図などの資格も得ていて、マルチ職人に成長していた。そこで21歳のときに石川島重工業を退職し、一人親方となって尾島製作所という会社に所属した。石川島重工業の同僚であった数人も合流し、小野班を立ち上げたのである。田舎からも数十人呼び寄せ、関東地区の造船やプラントなどで据え付け工事を請け負った。

しかし、働いて賃金を得ることだけに満足する小野ではない。石川島重工業に入社した年に、母

若かりしころの小野と母タケさんとのツーショット

タケにあてた手紙には、「僕にはファイト（闘志）があるのです。平凡な生活は大嫌いです。僕はこの世に生まれてきた以上は、何かをやりたいと思っているのです。そんなファイトがむらむらとこみあげてきます」と書いている。「何か」とは何か。それは、石川島重工業の3年間の辛酸をなめた経験から得た「職人の地位向上」と「職人の安全・安心」であった。

## 三度、死にかける

小野は、石川島重工業で働いているときに三度死にかけている。

一度は、ボイラーの鏡板の圧力テストのときである。担当者が鏡板を点検していたとき、急に鏡板がふっとんでしまった。爆風による粉塵で工場のなかは真っ暗になり、そのなかを鏡板がガランガランと転がり回り、ぶつかって何人も死んでしまった。幸いにも小野は死なずに済んだ。

あと二度は、足場からの墜落である。20メートルくらいの高さから落ちたが、途中で短冊足場につかまり、止まることができた。下まで落ちていれば、そこはコンクリートの地面であり、鉄骨、鉄板の切りくずの山だったので、間違いなく死んでいたと小野は述懐している。

また、小野は仲間の死を何度も目にしている。あるときは、船の進水式で、仲間が船にはさまり死んだ。死者が出ているのに、一方では赤飯が配られ、船の完成が祝われるのだ。かつては、船を造っている間に何人死んだかが船のグレードを決めるような、屈折した時代だったのだ。

これらの経験から小野は、「自分は生かされている」と思い、「職人の地位向上」と「職人の安全・安心」に生涯をささげようと決意したのである。

## 「日綜産業」設立

１９６８（昭和43）年、28歳のときに、小野は満を持して日綜産業株式会社を設立した。小野の悲願は「職人の地位向上」と「職人の安全・安心」の二つ。そのうちの一つ「職人の安全・安心」を実現するために、まず安全な足場を提供することにしたのであった。

当時の足場は、造船も建築もまったく手すりのない状態で、足場板だけを敷き、そこ

日綜産業設立当初。左から二人目が小野。がっちりとたくましい

に乗って作業するという今では考えられない労働環境だった。また、足場は各会社、各現場ごとに独自に組み立てることが多く、丸太足場も依然として使われていた。そのため、転落・墜落事故が頻発していた。安全で手軽に組み立てられ、値段もリーズナブルな製品を送り出したいと小野は考えたのである。

日綜産業の創業当時は、どんな様子だったのか、日綜ホールディングス元代表鈴木政男氏の貴重な証言がある。次に引用してみたい。

当時私は、静岡のスーパーマーケットで働いていました。いろいろな事情でそこをやめ、先輩の紹介で次の就職先も内定していました。ところが、別の先輩から、知人が東京で会社を立ち上げ、若い人を募集しているから会ってくれと頼まれました。断ってもいいから会うだけ会ってくれと言われ、会うことにしました。上京し、東京駅八重洲の喫茶店で当時の小野社長と面接しました。いろいろ自分の思うことを話したら気に入られたようで、「とにかく来てくれ。いっしょにやろうじゃないか」と言ってくれました。「ほかに内定している」と言えなかったので、「考えさせてくれ」と言って静岡に帰りました。小野社長が30歳のころで、「まっ赤に焼けた鉄を素手で握る」、そんな情熱を感じました。「すごいな、この人」と思いました。「入りたいけど、ほかに内定先が決まっているので無理だな」とも思っていました。帰ったら、内定先を紹介してくれた先輩が迎えに来てくれていました。「どうだった」と聞かれて言葉を濁していたら、「お前、そこに行きたいんだろう。行きたいならそこへ行け。内定先には俺がうまく話しておく」と言われました。その言葉に感謝と同時に感動し、日綜産業に入ることにしました。

日綜産業に入社して、面接が八重洲の喫茶店で行われた理由がわかりました。工場はサビだらけで小さく、事務所はプレハブでした。私が入社したころ、社員7～8名、あと日雇いの人が10数名という感じでした。私はトラックの運転手兼製造の仕事で、溶接や塗装のために製品を下請けの会社さんに届けていました。

入社して数カ月がたったころ、私の入社祝いと社員の慰労を兼ねて、二泊三日の予定で温泉旅行に行くことになりました。ところがこのとき、日綜産業の第一号の製品と言うべき手すり柱「スタンション」の大量注文が入りました。みんなが旅行に行ったら、スタンションを納品することができません。自分が残って手配すると告げたら、小野社長から、「お前の歓迎会を兼ねて旅行に行くのだから、お前が行かないと意味がない。そんな仕事は断ってしまえ」と言われました。「会社始まって以来の大量注文より、社員の歓迎会を大事にするとは……」その言葉を聞いて涙が止まりませんでした。そしてその思いに頭が下がりました。結果的には、スタンションを予定通り納品することができ、旅行にも行けました。

「小野は社員を家族のように大事にする」とはよく聞く言葉であるが、それがよくわかるエピソードである。また小野は、日綜産業の社員に対する思いを、次のように述べている。

「社員のビジョンとロマンのための人生を、社員と一緒になってつくっている。みんなを平等に愛して、全社員のために5年に一度1週間から10日の海外旅行を企画して社員の家族も連れて行っている。社員を思って心を砕いている」

その言葉通り実践してきたことは、多くの社員の言葉が証明している。いい言葉は言えど、それを実行できる経営者は少ない。まさに小野は稀有な経営者だと思う。

## 足場の安全を確保する製品を次々と世に送り出す

それでは、日綜産業がどのような足場製品を世に送り出したのか、時代を追って見てみよう。

**①1969年　安全手すり「スタンション」**

英語で「馬小屋のさく」を意味するスタンションは日綜産業を代表する製品であり、会社を設立して世に送り出した安全装置第1号の製品である。

当時足場の手すりは、クランプを溶接してそれに単管を装着するという方法が取られていた。このクランプを溶接しているときは手すりがない状態で、墜落するケースが多く、開発にあたっては手すりとしての安全面だけではなく、「だれも

スタンション

が簡単に設置できる」ということを重視した。スタンションはスラブにかませてボルトで締めるだけの単純なもので、この支柱に単管を流せば手すりが完成するということで、造船や建設の現場から注目され、全国で採用されていった。

②1975年　NSトビック（アルミ合金製吊足場）

鉄骨の梁ジョイント作業をする場合は、まれに鋼製ユニット足場があるものの、多くは職人が梁にまたがったり、下フランジにセットした単管に足場板を渡したり、極めて不安定な状態で鉄骨の接合を行っていた。こうした不安定作業を防止するために開発されたのがトビックであり、東京丸の内の東京海上本社ビル建設工事（施工：竹中工務店）で初めて全面的に採用された。トビックというネーミングは、鳶《とび》職人がすばやく（クイック）作業ができることからきている。

職人は腰痛に悩まされる人が後を絶たず、現場からは機

東京海上本社ビル建設工事（左）で初めて採用されたNS トビック

材の軽量化を求める声が一段と高まっていった。そこでスチール製をアルミ製にするという発想が生まれた。しかし、当時アルミは衝撃に弱く、足場材としては不適格と言われていたが、そのジンクスを破り、なおかつアルミによる軽量化を実現するためにさまざまなテストを繰り返し、製品に安全な強度をもたせるための工夫がなされた。

現場では初めて見るアルミ製品に最初は疑心暗鬼だったが、実物を見て使ってみるとその軽さ、安全性に驚き、喜ばれた。

**③1981年　フライングブリッジ（アルミ製安全通路）**

フライングブリッジは地足場・ドッキングタワーへの連絡通路、鉄骨梁上の通路、桟橋など多様な安全通路として活用されている。これも現場から「安全でコンパクトで、しかもセットが簡単にできる通路が欲しい」という声により開発されたもの。開発にあたっては、梁へのかさ上げ式取付金具の他に、梁スパンに適合させるべく伸縮スライド機構（最大長さ9.6ｍ）を備えたものにした。

**④1982年　コラムステージ（柱本締・溶接用足場）柱溶接の常識を覆す足場の開発**

当時鉄骨（柱）の溶接をするときには、建物の外部へ単管を張り出し、そこに足場板を敷き、その上に溶接工が溶接機をもって乗り、作業することが一般的だった。こうした作業を安全に行えるようにしたのがコラムステージである。きっかけは、東京大手町の三井物産本社ビル作業所（施工：鹿島建設）から作業に順じて盛り替えのできる足場の要望をもらったことだった。

⑤1987年　ニッソー3Sシステム　オクタゴンシリーズ

当時の足場は、単管をクランプでジョイントした単管足場か、または枠組足場しかなかった。単管足場は、クランプでのジョイントに手間がかかり、強度計算にも多大な時間を要した。また、支保工にあっては、枠組足場とパイプサポートが主流であったが、自在性の不足や組み手間などの問題をもっていた。

これを解決するべく開発されたのが「3Sシステ

仮設構造物の革命
クサビ緊結式3Sシステム

当時オプションで製作したトビックとコラムステージ

ム」である。３Sとは足場(Scaffolding)、支保工（Shoring）、構造物（Structure）の頭文字を取ったネーミングであり、応用性に富みシステム化されたクサビ緊結式３Sシステムの出現は、まさに「仮設構造物の革命」とまで言われた。

仮設業界では、クサビ式のものは振動で緩むので不適格と言われていた。しかし、技能がなくてもハンマーひとつで簡単に組めるクサビ式は、その施工性だけでなく高所での作業時間短縮＝安全性の向上にもつながるため、日綜産業ではこのクサビ式を採用、「クサビ緊結式足場」の開発に乗り出していた。その安全性とシステム性が評価され、１９８８年、社団法人仮設工業会による「仮設構造物等の安全性に関する承認制度」の承認第１号に認定されている。

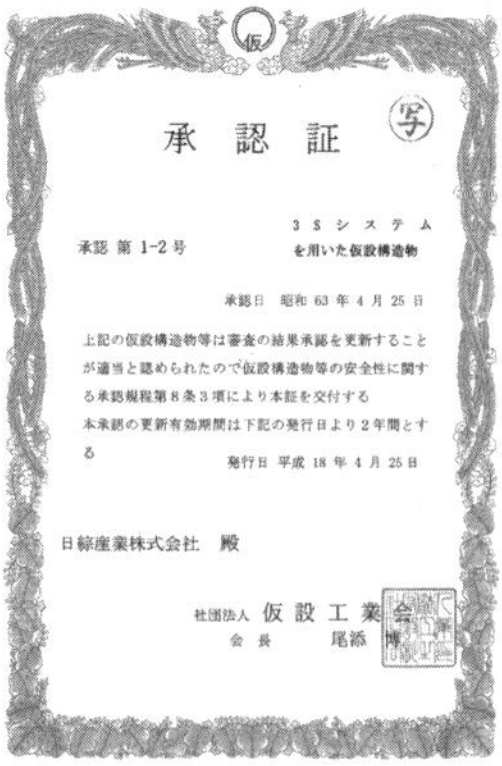
承認証　㊢

承認 第 1-2 号　　3Sシステムを用いた仮設構造物

承認日　昭和 63 年 4 月 25 日

上記の仮設構造物等は審査の結果承認を更新することが適当と認められたので仮設構造物等の安全性に関する承認規程第８条３項により本証を交付する
本承認の更新有効期間は下記の発行日より２年間とする

発行日　平成 18 年 4 月 25 日

日綜産業株式会社　殿

社団法人　仮設工業会
会長　尾添　博

社団法人仮設工業会による「3S システムを用いた仮設構造物の承認証」

### ⑥１９９４年　シルクロード（アルミ製無すき間足場板）

現場で足場板を設置する場合は、頭上までもち上げるため、少しでも軽いものがよいとの声が多かった。シルクロードは「アルミ合金一体押し出し」構造によって、取付作業のための軽量化に成功している。一般の足場板（床付き布枠）を並べたときに生ずるすき間や段差をなくし、両側にはつま先板を装着できる構造にした。これによって、すき間あるいは足場端からの物の飛来・落下、人の墜落・転落を防ぐことのできる究極の足場板「シルクロード」が開発された。

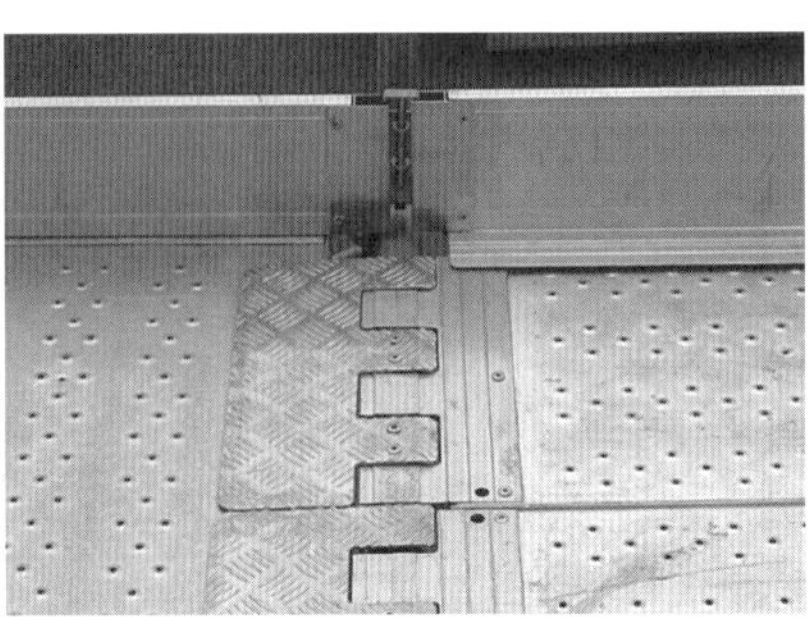
すき間ゼロの足場板　シルクロード

### ⑦2000年　手すり先行工法「NISSO F・1シリーズ」

この工法は2003（平成15）年4月に国土交通省が全面的に採用を義務化した工法である。国土交通省は過去10年間（旧建設省時代も含む）、同省直轄工事の墜落災害状況を調査した結果、あまりの多さから対策を考えているとき、同省の北陸地方整備局がパイロットプランで「手すり先行工法」を研究していた。これを全省で採用したものであり、労働災害の防止で日本最大の発注機関である国土交通省が開発したことは、日本の建設安全史上きわめて特筆すべきことである。

日綜産業でも枠組足場の交差筋交い（ブレース）のすき間から人が落ちることを防ぎたいと長年研究を重ねていた時期であり、国土交通省の動きから、より製品の開発に拍車がかかり、２０００（平成12）年に「Ｆ－１シリーズ　先付け手すりユニット」を完成させた。さらに２００９(平成21)年には、先行手すり、二段手すり、巾木が一体型となった「セフトパラペッター」が発表された。

日綜産業では、早くから墜落災害の防止を全て「命綱」に頼ることを問題視していた。そこで、手すりに命綱をつけて落ちた場合、手すりが外側へＶ字型に曲がることにより、腰や腹への負荷を軽減させせる構造を採用した。また、手すりの強度は１００kg対応とし、通路を歩いていて転倒し、手すりにつかまっても安全なように工夫を施した。

ダミー人形による落体実験

F1 先付け手すりユニット

セフトパラペッター

日綜産業の手すり先行工法が好評を博している理由の一つがこの100kgの衝撃に対応できる製品であるという安全性である。

## 安全点検で安心を提供

日綜産業が「安全点検」を本格的にスタートさせたのは、1992（平成4）年7月だった。このとき、NISSO建設現場専門安全管理検査部という組織を作り、社長の小野を統轄本部長として（東北・北海道）（南関東）（北関東）（中部）（近畿）（九州・中国・四国）の6地区に分け、役員が地区本部長となり、その下に各営業店長をブロック長とした構成とした。

検査については検査チェックリストに基づき、組み立て時の検査、組み立て完了時の検査、長期間使用時の中間検査（移設・盛り替え等を含む）等を行い、「検査報告書」を現場へ提出した。また、誤った使用方法や設置不足などの現場に対しては「改善依頼書」を添付して提出し、後日再点検を行う。

この安全点検は当初、一部の現場からは「役所のスパイではないのか？　仮設屋は製品だけ納入すればいいんだ。点検なんて余計なことをするな！」といった声があったものの、「餅は餅屋に、仮設機材のことは我々仮設のプロにお任せ下さい。当社の製品納入現場からは仮設に起因する事故を1件も出させません」という営業マンの熱意が浸透し、今日ではどの現場も歓迎されるようになった。施工者からは「安全点検をしてくれた現場は安心して作業できる」と好評を博している。

## 国土交通省が事故防止対策として採用

この安全点検活動のベースが、その後に設立された全国仮設安全事業協同組合（アクセス）の安全点検に直結しているのである。

現在では、この有資格者によるチェックリストに基づく足場の安全点検は、国土交通省の建設工事事故防止重点対策に明記され、工事成績評定の判断材料の一つとされている。

また、社内でも定期的に安全点検に関しての勉強会を開催し、常に質の向上を目指している。

安全点検活動

コラム

## 日綜を救った小野の選択

日綜が順調に動き出したころ、90％前後、造船業界を相手に仕事をしていました。そんな折、小野社長（当時）が、「今後は建築、土木、造船、この3つと平均して取引する」と言い出したのです。みんな、「なんで、そんなばかなことを言うのか」とあぜんとしました。なにしろ、造船景気にわいていたころで、日綜も3年先の昭和50年まで造船関係の予約が入っていました。

ところが、それからまもない1973（昭和48）年、第一次オイルショックが起こり、造船不況となったのです。日綜は造船の受注残があったことと、建築・土木に目を向けていたので、どうにか倒産を逃れました。小野社長の先見の明、常識では考えられないような発想や言動に脱帽しました。（日綜ホールディングス元代表　鈴木政男氏談）

鈴木政男氏

## 職人大学設立をめざす

### サイト・スペシャルズ・フォーラム（ＳＳＦ）

建設業界に足場を提供することによって、２つの悲願のうち「職人の安全・安心」を図りつつあった小野は、次に「職人の地位向上」のために動き出した。

１９９０（平成２）年、まずサイト・スペシャルズ・フォーラム（略称ＳＳＦ）を立ち上げた。サイトとは現場、スペシャルズは専門の意味があるので、サイト・スペシャルズ・フォーラムは現場の専門家、つまり職人が集う広場、あるいは職人の意見や情報の交換の場の意味であろう。

ＳＳＦの理念を当時の新聞記事は次のように伝えている。

「専門技能家が社会的に尊敬される職業とならなければならない。さらに、高い報酬が保証されなければならない。人生の目標が必要であり、学び修得する場が必要である。ハイレベルな専門技能家を世に送り出していきたい」（建設通信新聞、１９９０年11月

サイト・スペシャルズ・フォーラムの記者会見。中央で立っているのが内田祥哉理事長

29日付）

小野の思いが理念に凝縮されているようだ。

SSFの具体的な活動を統括するのが運営員会で、その下に3つの部会が置かれ、次のような活動を行った。

①インフォメーションセンター：機関誌の発行、サイト・スペシャリストの雇用条件、労働条件の改善、建設業界の構造改革、新建築システムの研究開発など

②コミュニケーションセンター：フォーラムの企画・運営、ギャラリー（有名建築の専門技能家などの紹介、歴史など）、専門技能家のカウンセリングなど

③アカデミーセンター：職人の社会的地位の向上をめざして、技能・職能・資格の評価・認定（マイスター制度の検討）、専門技能家の養成、職人大学の創立など

機関誌「SSFニュース」の創刊準備号に、小野は次のようなメッセージを寄せている。

「私はいまでも現役の鳶のつもりです。現場のことならだれにも負けない、という気概があります。いまでも地下足袋をはいて超高層の鉄骨の上に登る自信はあります。だから私は現場がおろそかにされることには我慢がなりません。3K、6Kなどと言われると腹が立つ。創造的な仕事なんです。私は勉強する場がなかった。だから、若い人をスターにしたい。職人の殿堂を創りたい。サイト・スペシャリストを目指す若い人に

たくさん参加してほしい」

現場の専門家である小野の肉声が伝わる文章である。

## マイスター制度の研修

ＳＳＦの活動は順調で、１９９１年11月には総勢20名超で、ドイツ職業教育（マイスター）制度を学ぶ１週間の研修ツアーを行った。次のような報告があった。

「ドイツの実情を見聞して感心したのは、業界として、職業としての自律と自立を貫こうという姿勢である。わが国建設業界に欠けるところだが、新しい人材養成システムを芽生えさせ、成長させるには、そんな土壌づくりがなによりも必要だと感じた。（中略）東西統一、ＥＣ統合に揺れ動くドイツ

ドイツマイスター制度の視察

だが、建設産業はすでに20年前、人手不足というわが国と同じ悩みを経験し、その対策として独自の制度を打ち出している。それが企業職業教育センターの運営をはじめとする建設業界独自システムである。その運営費用は業界独自のソーシャルカッセという金庫の存在が大きく寄与している。旧西ドイツの建設業界が推進したこの改革は、労使双方の合意のもとに業界のイメージアップと若年参入者の確保のために新しい職業訓練制度の法令制定にもおよんでいる。現在、ドイツ国内にはそのための施設が160あり、1万7千人の研修能力をもつ」

## 職人大学構想と職人大学実験校

1992（平成4）年11月、SSF創設2周年記念シンポジウムが開催された。ここで注目を集めたのが「職人大学構想」であり、運営主体は職人大学教育振興財団（仮称）、1997（平成9）年の設立を目指していること、設立趣旨、教育・育成内容、全国の核となる拠点校の施設配置イメージなどが発表された。

1993（平成5）年、SSF活動は3年目に入り、職人大学の具体的な設立準備が始まった。５月には職人大学実験校がスタートした。その第１回スクーリングは新潟県の佐渡で開校、佐渡の工務店からの５名を含め、北は仙台、南は宮崎から総勢26名が受講生として参加した。日程は７日間で、講義は午前８時から午後10時まで、極めてハードなスケジュールの合宿生活であった。講座も多岐にわたり、ＳＳＦ理事によるコンクリート工学、鉄骨工学、土木学、豊富な現場経験に基づく現場学・リーダー学に加え、「型枠支保工・足場工事に関する特別講習」、「安全についてそして求められる職人像について」などであった。

第２回スクーリングは、１９９３年11月に宮崎県綾町で開かれた。第３回スクーリングは１９９４年５月、神奈川県藤野町で開校した。関東学院大学土木工学科の女子学生を含む女性４名が初参加した。同年10月、第４回スクーリングが新潟県柏崎市で開講した。受講生も回を追うごとに増え、第４回は全国から総勢44名が参加した。

スクーリングで講義する小野

## 小関忠男KSD理事長との出会い

第4回スクーリングの最終日には、SSF創設4周年記念行事「職人大学・設立推進新潟大会」が開かれた。SSFの理事会は、この大会の前までに拠点校の「建設工芸大学（仮称）」と「建設工芸高等専門学校（仮称）」を佐渡に設置する方針を決定しており、大会は文字通り大学設立推進に向けて、熱気にあふれるものとなった。

このシンポジウムでKSD中小企業経営者福祉事業団（略称KSD）及び中小企業国際人材育成事業団の古関忠男理事長のあいさつがあった。

「いま、次々に新しい大学ができているが、世の中に出てすぐに役立つ大学は少ない。同じ大学をつくるなら、もっと専門的な学校をつくったほうがいい。職人さんの状況も、このまま放っておくと、将来建物が建てられなくなる。一方、これからは外国からの労働者にも入ってもらわないと日本の産業は立ちゆかない。そのためには彼らに技術を教える人材も必要になってくる。そういうことを考えていくと、『職人大学』構想はどんぴしゃりの企画だ。21世紀は皆さんの手にかかっている。日本の中小企業のためにも、国際的な問題を解決するためにも『職人大学』を1日も早く成功に導いて頂きたい」

ＳＳＦの活動に賛同する小関忠男ＫＳＤ理事長との出会いが、「職人大学」実現に向けた活動を一気に次のステージに押し上げることになった。

## 国際技能振興財団

１９９５（平成7）年1月、ＳＳＦの小野辰雄副理事長がＫＳＤの古関理事長を訪ね、職人大学設立に向けて協力を要請した。それに対し、古関ＫＳＤ理事長は積極的な協力を表明した。古関理事長は早速、翌月2月4日、ＫＳＤが主催した「中小企業対策特別委員会設置と石渡清元先生の初代委員長就任をお祝いする会」の開演前に、石渡委員長と参議院自民党の村上正邦議員に対して陳情させてくれたのである。ＳＳＦは職人大学の設立へ向けて国レベルでの対応、支援を要請した。これを受けて石渡委員長と村上議員は、「これは建設、労働、文部、通産各省にまたがる大きな問題であるが、そうした垣根を超えてやらねばならないことだ」と応じたのであった。

１９９６（平成8）年3月、「国際技能振興財団（略称ＫＧＳ）」が労働省に認可され、ついに大学の運営主体が発足した。会長に古関忠男ＫＳＤ理事長、副会長に小野辰雄

ＳＳＦ副理事長が就任した。このＫＧＳ設立に併行して、職人大学設置の推進組織となる議員連盟（ＫＧＳ議員連盟）が90人の自民党議員の参加を得て立ち上がった。会長に村上正邦参議院自民党幹事長が就任、顧問は中曽根康弘元首相、世話人は森喜朗前首相（当時）という豪華な布陣だった。

１９９６（平成８）年４月６日、ＫＧＳの設立大会を兼ねて、職人大学創設に向けた総決起大会が日比谷公会堂で開かれた。この大会で小野辰雄副理事長は、「職人の教育システムをつくり、職人の技を磨きたい。生活の安定基盤をつくるための社会保障システムも欠かせない。職人文化が脈々と流れる社会をつくろう」と財団の設立趣旨を説明した。中曽根康弘元首相ら来賓の挨拶もあった。政界から力強いバックアップが次々と表明され、ＳＳＦ関係者は自分たちが構想する大学がいよいよ実現すると信じた。

総決起集会で「職人の教育システムをつくろう」と訴える小野（1996年）

## ものつくり大学の開学

総決起大会後、開校に必要な教育の枠組みの研究、キャンパスの構成と施設の配置、カリキュラムの想定などＳＳＦがまとめてきた基本計画がＫＧＳに引き継がれ、実施計画と各種手続きなどが進められた。

ところが、順調に進んでいた作業が次第に目に見えない力で方向転換され出し、大学本部となる拠点校の候補地が佐渡から埼玉県行田市に変更になるなど、ＳＳＦが描いた枠組が少しずつ変化し始めた。さらに、ある時点から行政当局の対応がＫＧＳと距離を置くようになった。

そんな矢先に、政界を巻き込んだ事件が表沙汰になった。当時一大スキャンダルとなった、あの「ＫＳＤ事件」である。ＫＳＤ事件はＳＳＦ関係者にとって、まさに青天の霹靂であった。この事件で、

2001年４月に開学したものつくり大学
（埼玉県行田市）

古関忠雄KSD理事長が業務上横領の疑いで逮捕され、村上正邦議員が受託収賄罪で逮捕された。

SSFやKGSの関係者は事件と無関係であったが、地道に活動して開校が目前になっていた国際技能工芸大学設置活動とは距離を置かざるを得なくなった。小野をはじめ、設立準備委員会メンバーなどSSF初期から活動に共感して精力的に動いてきた全員が手を引くこととなった。

そのような状況のなかでも、大学開校に関し、行政当局の対応は粛々と進められた。2000（平成12）年12月26日に運営主体となる学校法人国際技能工芸機構とものつくり大学の設置がそれぞれ認可された。2001年3月20日には、建設中だった大学本部棟、製造棟、建設棟、大学会館、学生寮、体育館が竣工した。そして4月1日、ついにものつくり大学が開学した。

ものつくり大学はその後、2005年に大学院開設、2010年には学校法人ものつくり大学に名称変更した。小野をはじめとするSSFの関係者が目指した職人大学の大学像とは少し異なったものになったが、我が国初の建設・製造業に特化した専門技術者の育成、養成を目的とした大学が完成し、現在も順調に運営されているのである。

## 全国仮設安全事業協同組合を設立

### 点検に勝る安全なし

なんども言うが、小野の悲願は「職人の地位向上」と「職人の安全・安心」である。「職人の地位向上」についてはすでに見てきた。「職人大学」をつくろうと奔走し、もう一歩のところでＫＳＤ事件に遭い、小野ら関係者は撤退を余儀なくされたが、「ものつくり大学」として開校し、現在に至っている。「職人の安全・安心」に関しては、日綜産業を興し、斬新なアイデアで画期的な足場製品を世に送り出している。

では、これで十分か。否！

下の表は、１９９０年代の全産業と建設業の死亡者数を示したものである。年を経るに応じて若干減少の傾向はあ

事故による死亡者の推移（1990 ～ 1999 年）

| | | 1990 | 1991 | 1992 | 1993 | 1994 | 1995 | 1996 | 1997 | 1998 | 1999 |
|---|---|---|---|---|---|---|---|---|---|---|---|
| | | 平成2年 | 平成3年 | 平成4年 | 平成5年 | 平成6年 | 平成7年 | 平成8年 | 平成9年 | 平成10年 | 平成11年 |
| 死亡者 | 全産業 | 2,550 | 2,489 | 2,354 | 2,245 | 2,301 | 2,414 | 2,363 | 2,078 | 1,844 | 1,992 |
| | 建設業 | 1,075 | 1,047 | 993 | 953 | 942 | 1,021 | 1,001 | 848 | 725 | 794 |

るものの、建設業では依然として毎年1、000人前後が死亡している。そして、このうちの約4割が墜落・転落事故によるものであることが統計的に判明している。

では、どうしたら、建設現場での墜落・転落事故を防ぐことができるのか。

小野は言う。

「何であれ、点検をしなければ、それも精密、精妙に行わなければ、いくらハードが充実しても意味がなく、万全ではないのです。点検というソフトと両方一緒で、初めて万全になるのです」

小野のこの言葉は自身の経験に基づいている。二度、墜落・転落により死にかけているが、それは他者の設置した足場をうかつにも信じて、点検を怠ったためであった。それ以降、点検を確実に行い、墜落・転落による死亡事故は小野がかかわる仕事では起こしていない。だから小野は、口が酸っぱくなるほど「点検に勝る安全なし」と言い続けているのである。

「点検に勝る安全なし」を実践

## 仮設業界で事業協同組合をつくる

建設現場でのソフトとハード一体による安全を講じるために小野が考えたのが事業協同組合の設立である。

１９９９（平成11）年秋から、小野は事業協同組合を旗揚げするべく、賛同者を募る全国行脚を始めた。各地の有力仮設関連企業の経営者らを訪ねては計画を語り、仲間の大同団結が必要だと説いた。

大分で軽仮設リース業を営む三信産業の大野嗣男会長は、小野に最初に会ったときの印象を次のように語った。

「話をしていて、すごい人だと感じた。迫力があり、熱意がある。組合の必要性がよくわかった。私も協力しようと即断した」。大野は、全国仮設安全事業協同組合の初代九州支部長を務めた。

組合旗揚げ時に理事を務めた太洋リースの大仲興志弘会長も同様だ。大阪で行われた組合設立に向けた説明会で小野に会った。「小野さんのすごいパッションにやられました。強烈な情熱がしました。話のテーマは業界の景気がよくなる話ではない。命の話でした。仕事で死ぬのはよくない。命の話をされたら逃げるわけにはいきません。組合の設立に協力しようと手を上げました」。大仲会長自身も現場で死亡事故を目にしたことがあっただけに、否応もなかった。

全国行脚は2000（平成12）年2月まで続いた。そして3月、賛同者たちに東京に集まってもらい、設立趣旨やスケジュール等の説明会を開き、合意を得、組合の結成が決まった。全国仮設安全事業協同組合が、組合員250社余りで産声を上げたのである。

## 仮設安全監理者の育成

全国仮設安全事業協同組合（英文表記：Alliance Cooperation of Construction Equipment & Scaffolding for Safety）、略称はACCESS（アクセス）は、2000（平成12）年6月8日に設立された。7月に建設、通産両省による認可法人としての登記手続きが終了した。本部は東京とし、全国に9支部と各都道府県に支所を配置する協同組合体制を整えた。さっそく始めたのは、仮設安全監理者特別教育講習である。そして2000年11月から、仮設安全監理者による「共同安全監理事業」（足場安全点検）が全国の建設現場で始まった。

仮設安全監理者の業務は、製品の安全点検、設計・施工の安全点検などで、製品の安全点検や設計・施工段階での安全対策の充実の必要性などを啓蒙・啓発、周知徹底する。重要なのは、チェックするのは第三者であること。施工当事者ではなく、第三者のチェックが安全を担保することに意味があるのだ。

組合設立から20数年のこれまでに資格取得した仮設安全監理者は、発注者、ゼネコン社員など組合員外を含め２０２２年度末現在で１万５３５６人を数え、実施した安全点検は２０２２年度末現在で12万３０４６件（現場事業所）に及ぶ。特筆すべきは、なんといっても、安全点検をした現場からは一人の死亡者も出ていないことである。小野が言う「点検に勝る安全なし」を裏付けており、アクセスの金字塔でもある。ちなみに、仮設安全監理者の登録第１号は小野辰雄である。

仮設安全監理者育成の講習会

## 安全な足場機材の開発

アクセスが「安全点検」と共に2本柱の1つとして取り組んだのが、「安全な足場機材」の提供である。仮設足場での事故を防ぐには「ソフトとハード両面での対策が欠かせない」というのが小野辰雄の信念であり、組合設立の理念、存在意義でもある。

代表的な取り組みが、「養生ネット安全性能標準化」と「安全足場機材の開発」である。養生ネットは工業技術院（当時）の「平成13年度工業標準化調査研究」の1つとして採択され、アクセスは標準化に向けた防炎性能評価方法、強度のあり方、網目の大きさのあり方などについて実験や調査を行った。２００２（平成14）年度に報告し、結論付けたが、その内容はメッシュシートもしくは防網、防炎の棒編み、またはそれと同等の機能を有する設備を設置することとされ、後に義務付けられた。

「安全足場機材の開発」は、足場など仮設物に起因する労働災害を撲滅するには、「先行手すり機材、足場用筋交い及び幅木を使用した工法が有効であり、現在使用されている機材の改良や開発が不可欠」との考えに基づいて開発に乗り出した。今では当たり前になっている仮設足場の「手すり先行工法」や「幅木」、「二段手すり」の標準装備の第一歩は、この時点で踏み出されたのである。

## 労働省による「足場等の安全対策検討会」

アクセスの発足に歩調を合わせたように、足場等の事故対策に関する行政の取り組みも始動した。

労働省（現・厚生労働省）は「足場等の安全対策検討会」を設置、2000（平成12）年9月25日に第1回会合を開いて活動をスタートした。この会合で小野は墜落災害が依然として多い現状を指摘し、「現行の規則をかえる必要があるのではないか」と問題提起している。

第2回会合で、小野は、「建設工事における仮設に起因する労働災害撲滅のための提言」を公表している。

その提言は、見直しを検討すべき項目として、①安全監理の責任体制　②計画の届出　③飛来・落下や墜落・転落の防止などについて、労働安全衛生法や同規則の関係部分ごとに提起した。また、制度を創設すべき項目として、①仮設製品、仮設機材の整備研修、仮設物の設計、仮設工事の施工に関して一定の資格を有する者による点検・検査制度の創設　②仮設工事計画書の作成と現場への備え付けの義務化　を訴えた。

検討会は断続的に開かれた。組合の機関紙「ACCESS新聞」第19号（2002年3月20日発行）は、第5回会合の様子を次のように伝えている。

仮設機材団体や建設業団体などを対象に実施した足場の安全対策について、取組状況、要望事項などのヒアリング結果を報告しました。仮設機材団体からは、ユーザーに対してコスト面のほか新開発や適正管理の機材使用を訴え、ユーザー側は企画段階からユーザーの要望を取り入れてほしいとの声がありました。（中略）仮設3団体は、今後の取り組みとして、手すり先行足場など安全機材の普及、創設された単品承認制度の承認製品の使用・普及などをあげています。

ユーザーに対しては、安全に対する適正なコストを考慮することや、新開発の機材の積極的使用、仮設の施工計画の徹底とその計画作成費用の負担を求めています。このほか、自治体によって安全設備設置基準が異なるため、統一的な行政指導も要望しています。

メーカー4社も、安全はタダではなく、費用がかかることを理解してほしいと訴えています。また、ある程度の価格の下限保証などができないかという切実な意見もありました。建設業など3団体は、使いやすい製品の観点から、メーカーに対して転倒や挟まれ防止など安全装置の統一化、仮設機材の軽量化、低価格製品の開発、仮設機材開発・改良に企画段階からユーザーの意見採用などを求めています。

工事現場からは、リース品のコスト低減、仮設機材の作業性能向上や性能アップなど実務面の要望がありました。このほか、「相場の経費は請負金額の2・4%である」「仮設経費については直接工事経費である。請負金額の1・6~1・7%である」という指摘もありました。

検討会は２００３（平成15）年３月まで計８回続けられ、一貫して実情に即した改善要望や意見が公表されるなど、建設的な討議が行われた。また、第２回会合で小野が公表した提言の必要性が裏付けられるとともに、施策実施の方向性も共有された。検討会の成果の一つは、２００３年４月、厚生労働省により「手すり先行工法に関するガイドライン」が策定されたことである。

## 建設、運輸、農林水産三省による「足場安全対策検討委員会」

2000（平成12）年10月、建設、運輸、農林水産三省による「足場安全対策検討委員会」も活動を始めた。委員は小野の他、建設業団体安全対策関係者、専門工事業やメーカー・リース業関係者に加えて、建設、運輸、農林水産各省の関係部局課長等である。

初会合で、①常時接続型安全帯の使用推進　②安全帯の使用徹底に向けた環境づくり　③建設省の土木工事安全施工に関する技術指針に、新たに足場の安全チェックリストを作ること　などが確認された。そして2001年3月、省庁再編で新発足した国土交通省が、建設省時代を通じて事故に関する建設行政で初めての重点対策（技術調査課長通知「平成13年度における建設工事事故防止のための重点対策の実施について」）を発出し、同年4月には国交省と農水省が「手すり先行足場のモデル工事」をスタートさせ、全国の自治体もこれにならって同様のモデル工事を実施することとなった。

2003（平成15）年度の重点対策では、直轄工事で採用する足場は、厚労省が策定した「手すり先行工法に関するガイドライン」に準じることとされ、特記仕様書に義務化が明記された。併せて、チェックリストの活用などにより「請負業者から提出された安全活動の創意工夫の成果を、工事成績評定の判断材料の一つにする」安全活動の評価が行われることも明記された。すなわち、アクセスが主張してきた安全足場機材のソフトとハードの標準採用への一歩が踏み出されたのである。

国交省が発出したこの重点対策は、逐次拡充されながら2013（平成25）年度まで続けられ、厚労省の各種施策を合わせながら建設職人基本法（これについては後述）に反映されていく。こうして厚労省の検討会、国交省の足場安全対策検討委員会のなかで、アクセスは大きな役割を果たした。

## 全国仮設安全大会の開催

アクセスは、通常総会などで機関決定した活動方針等を確認、周知・啓発する場として2001年から「全国仮設安全大会」を開催している。

この大会では有識者による講演、安全・安心の達成に向けた大会決議が採択され、毎回のように関係省庁や友好団体幹部、さらに多数の衆参国会議員が来賓として参加し、組合活動や足場の安全・安心に対する支援などを決意表明するのが恒例となっている。

## 職人の安全徹底と地位向上

2022（令和4）年10月19日の「安全見える化大会」において、公明党の佐藤英道衆議院議員は、次のように挨拶している。

「墜落、転落事故の根絶に向けてさらに真剣な取り組みが急務です。とくに足場の安全性をいかに担保するかが重要です。足場の安全点検について、点検自体は義務化されているものの、だれがやっても構わないという状況でした。それでは不完全だと考え、私ども公明党は、これを厚生労働省に働きかけ、『能力のある者』が点検し、あとでだれが点検したかわかるように記録の作成と保存を義務付ける方向としました。

全国仮設安全事業協同組合は、仮設安全監理者講習を開いて、受講者に『仮設安全監理者』の資格を与えていますが、専門性からみても総合的な見地からも、「仮設安全監理者」は最もふさわしい資格だと思います。現在1万3千人ということですが、どの現場にも監理者がいるように、この資格をさらに広げていきます。また、再講習なども含め、資格者の資質向上が必須です。国からも何らかの支援やバックアップができないか、検討を進めていきます。

長い間、足場イコール生産設備であり、足場は安全衛生経費にはならないという考え方が通ってきましたが、ようやく安全衛生経費の対象業種に『外部足場』を入れることができ、これによって墜落・転落防止など安全性の向上に大きくつなげていけると思います。喜ばしい限りです。これからは、より広く、国民的な理解を得るため、広報活動など周知に努めていくべきです。マンションの改修工事など、足場は多くの居住施設とも関係しており、発注者だけでなく、広く国民一般の方々にも、足場の存在とその安全性の向上がいかに重要かを理解してもらわねばなりません。そして安全のためには一定の経費がかかることを、建設事故の現状とともに理解を広げていきたいと思います」

「安全見える化大会」での小野（右から３人目）

# 建設職人基本法が成立

## 政治団体の設立と変遷

### ①建設職人社会ルネッサンス連盟を設立

２００９（平成21）年３月、厚生労働省により「労働安全衛生規則の一部改正省令」が制定された。続いて同年４月、厚労省安全衛生部長通達「足場等からの墜落等に係る労働災害防止対策の徹底について」が発出された。同年６月には「改正労働安全衛生規則」が施行され、２０１０（平成22）年４月には「土木共通仕様書」で、手すり先行工法と組立時・使用時の常時「２段手すり」と「幅木」の設置が義務化された。

しかし、民間工事現場では、「手すり先行工法等に関するガイドライン」の普及が依然として進まなかった。こうした状況は看過できないと、小野は、年頭所感で「安全衛生部長通達は現場で無視。現場は無法地帯。安全衛生部長通達の法制化と建築基準法の改正を求む」との声明を出し、現状を改革する必要性を訴えた。そして、法制化の推進を目的に２０１０年５月、政治資金規正法に基づいた政治団体「建設職人社会ルネッサンス連盟」（会長は小野）を組織した。

設立総会を前に会見した小野は、「政治と行政が直結していないことが現状の問題だ。一人親方、零細事業主が約１００万人もいるということを知ってもらって、他の産業と同じレベルに引き上げたい」と、政治の力を得ながら、建設業界の職人の地位向上につなげる目標を示した。

しかし、こうした動きに元請業界が神経をとがらせた。それまで検討委員会などでの意見の対立にとどまっていた元請業界と下請け階層のアクセスが、政治団体の結成を境に真っ向から対立するようになった。

元請業界は、①現状の安全帯の装備励行や安全活動の啓発活動で、死亡事故が減少するなど成果を上げている。現状通り安全活動を粛々と進めることで、安全は確保できる②新たな仮設機材を装備することは経済コストがかさみ、負担感がぬぐえない。法制化などで縛るのは性急過ぎる　と主張した。

２０１０（平成22）年８月、厚生労働省は「足場からの墜落防止措置の効果検証・評価検討会」を設置したが、翌２０１１年１月、この検討会に日本建設業団体連合会（現在の日本建設業連合会）、全国建設業協会、日本土木工業協会、建築業協会、建設業専門団体連合会が連名で、墜落防止対策の制度化反対を要望したのである。手すり先行工法などガイドラインが示す安全な足場機材を使うことで事故が避けられることを理解しつつも、コストアップなどを理由に法制化を拒むのであった。

厚労省の検証・評価委員会は4年間続けられたが、その間アクセスは議員連盟との協議などを踏まえて提言を公表したり、委員として参加し積極的に主張を繰り返した結果、最終的には、足場特別教育の受講が義務化されるなど、提言の一部が労働安全衛生規則の改正に盛り込まれている。

**②賢人会議の設置**

アクセスと建設職人社会ルネッサンス連盟を理論的に支えたのが、2013（平成25）年1月、アクセスに設置された「墜落労働災害撲滅に関する賢人会議」（略称「賢人会議」）である。

賢人会議は都合3回開催された。2013年1月の第1回では「問題解決のために議員連盟の設立」、2014年3月の第2回では「安全衛生経費の発注者責任及び別枠計上ならびにそれを裏付けるための法の制定」、2015年2月の第3回では、「議員立法による基本法の制定」が提言された。

これらの提言は現在（2023年）すべて実現している。

### ③「日本建設職人社会振興連盟」への引き継ぎ

「建設職人社会ルネッサンス連盟」は約5年活動した後、２０１５（平成27）年2月27日に解消し、新たに「日本建設職人社会振興連盟」（以下「連盟」）が設立された。連盟の設立を機に、同年5月の通常総会で新たに「諮問会議」が設けられた。賢人会議が3回の開催で終わったのは、賢人会議がこの連盟の「諮問会議」となったためである。

## 足場議連から建設議連へ

建設職人基本法法制化の推進役となったのが２０１３（平成25）年5月に結成された自民党国会議員による「建設現場における墜落災害撲滅・安全足場設置推進議員連盟」（通称：足場議連）である。最高顧問に高村正彦衆議院議員、顧問に大島理森衆議院議員、二階俊博衆議院議員、山東昭子参議院議員、会長に上杉光弘衆議院議員が就いた。11月には公明党の入会も承認されている。

この足場議連の動きは活発で、翌２０１４（平成26）年には「発注者における安全経費の積算計上、元請から下請への安全経費の確実な引き渡し等」と「（仮称）労働安全基本法の制定」を相次いで決議した。ところが、同年暮れの総選挙で上杉会長が落選。このため、2015年2月に開かれた第5回総会で名称を新たに「日本建設職人社会振興議員連盟」（通称：建職議連）とし、新会長に二階俊博衆議院議員を選出した。建職議連は発足時に「（仮称）建設職人の安全と地位を向上させる改革推進基本法」を発表し、ワーキングチーム（以下「WT」）を始動させる。WTは早期に建設職人基本法のたたき台をまとめた。そして2016（平成28）年3月、建職議連の第7回総会で「建設工事従事者の安全及び健康の確保の推進に関する法律案」（建設職人基本法案）を正式承認したのである。

自民党国会議員による足場議連

## 民進党の議員連盟

一方、野党にも議連が立ち上がる。民進党の「建設職人の安全・地位向上推進議員連盟」である。２０１６年10月12日に設立総会を開き、民進党独自の法律案をまとめ、先行する建職議連による法案とすり合わせ、議員立法による建設職人基本法の早期成立を目指すことを申し合わせた。また、この民進党議連の呼びかけに応じて、他の野党も賛同の機運が一気に高まった。

## 満場一致で「建設職人基本法」が可決成立

２０１６（平成28）年12月6日、第１９２回国会の参議院国土交通委員会において、委員長提案による「建設工事従事者の安全及び健康の確保の推進に関する法律案」（建設職人基本法案）が可決され、翌7日の参議院本会議、９日の衆議院本会議でそれぞれ与野党ともに一人の反対者もなく、満場一致で可決成立したのである。アクセスの設立から16年半、悲願達成に小野をはじめとするアクセス幹部らは一様に喜びの声をあげた。

　この法律は長年にわたってアクセスが主張し、求めてきたことが反映されている。その概略は次の通りである。

　まず目的として、建設業の労働災害発生状況を考慮し、建設工事従事者の安全と健康の確保を推進することとし、その実現に向けて公共工事・民間工事を問わず、労災保険料を含む安全衛生経費の確保や一人親方問題への対処など、手厚い対策を国や都道府県などに求めている。

　建設工事従事者の安全と健康の確保については、基本理念を掲げ、国などの責務を明記。また、施策の基本となる事項を定めるなどして施策を総合的・計画的に進め、建設業の健

「建設職人基本法」制定記念祝賀会。満面の笑みで喜ぶ小野（中央）

全な発展をめざす。基本理念では、建設工事の請負契約で適正な請負代金や工期を定めることや、建設工事従事者の安全と健康の確保に必要な措置を設計・施行など各段階で適切に講じることと規定している。

この建設職人基本法は２０１６（平成28）年12月16日に公布、翌２０１７年３月16日に施行され、参院と衆院の国土交通委員会で附帯決議も行われた。その附帯決議とは、①安全と健康を最優先に、処遇改善と地位向上が促進されるような総合的施策を検討し、基本計画に盛り込むこととし、②十分な知識・経験を有する者による点検の促進、③建設労働災害の４割を占める墜落災害を撲滅する、実効性のある対策を講じる、など10項目であった。

## 基本計画の策定と見直し

建設職人基本法の施行に合わせ、２０１７（平成29）年2月、「建設職人基本法超党派国会議員フォローアップ推進会議」（以下「フォローアップ推進会議」）が設立された。同年５月の第３回会合で基本計画案が了承され、「建設工事従事者安全健康確保推進会議」で正式決定され、６月には閣議決定された。

基本計画は、基本法のアクションプランとなるもので、現場で必要となる安全衛生経費が下請まで適切に支払われるための労働環境の促進、実効性のある施策の検討・実施が明記されている。

一人親方の対応では、労災保険の特別加入を促進するとし、任意であった従来の対応から積極的な働きかけに転換される。また、政府も、建設工事従事者の処遇改善や地位向上をはかる社会保険などへの加入促進を始め、長時間労働の是正、週休2日制などの「働き方改革」などを推進する。基本計画は少なくとも5年ごとに見直すとされているが、策定後2、3年で調査等をした上で、必要に応じて速やかに変更するとしている。

そこで2020（令和2）年11月から国交省、厚労省では、建設職人基本法に基づく基本計画の見直しに着手し、学識者や業界団体に対して、①基本計画の見直し検討の必要性、②基本計画策定後の状況変化、③今後の進め方について必要な事項のヒアリングをして論点整理をすることとなった。

2021年2月、日本建設職人社会振興議員連盟では「職人基本計画見直し検討会」を設置し、現場の安全対策は公共工事と民間工事との格差が課題であるとし、その格差是正に向けて有効な手段を講じていきたいとした。検討会では、①基本計画策定後の状況変化への対応（女性の活躍促進、外国人安全対策、高齢化対策、新型コロナウイルス感染症対策、新技術活用）、②労働災害の発生状況の現状認識、③これまで実施された施策の効果（フルハーネスの義務化、働き方改革）、④墜落・転落対策等について、関係団体からのヒアリング　を3回にわたり実施した。とくに、２０２１年5月の上記検討会においてアクセスは、建設職人基本法に基づき官民格差があるとし、「足場工事費を含む安全衛生経費を明確に定義付けることと、実効性のある対策として手すり先行足場の設置を明示する」ことなどを訴えた。

２０２２年5月のフォローアップ推進会議においては、①墜落・転落災害防止対策についての官民格差を解消すること、②安全衛生経費が適切かつ明確に積算され、下請負人にまで確実に支払われるような対策を講じること、③足場を初めとする仮設機材の新たな技術開発と安全性向上のための助成措置（経産省）等が取りまとめられた。

さらに、同年11月のフォローアップ推進会議においては、ＣＣＵＳ問題について、真に建設職人の人格と地位の向上に資するものとするよう国会での調査を踏まえ、今後も政治主導で国会議員の十分理解を得ながら適切に進めていくことが、全会一致で承認された。

以上の経過を経て、２０２３年2月には、建設職人基本法第15条第2項に基づき「建設工事従事者安全健康確保推進専門家会議」が開催され、①建設工事の安全衛生経費が下請負人まで確実に支払われるようにするための実行性のある施策として、安全衛生対策項目の確認表と標準見積書の作成・普及に政府が取り組むことを新たに位置付けること、②建設業の労働災害で最も多い墜落・転落災害の防止対策の充実・強化も追加するなどが決定された。

今後、所要の手続きを経て閣議決定されることとなっている。（2023年4月現在）

## 小野辰雄はどんな人間か

生涯一職人として、職人の地位向上と安全のために全力を傾けている小野辰雄であるが、素顔はどのようであろうか。家族、仕事仲間、国会議員の先生らに聞いてみた。

### 奥様、典子さんとの対談

小野は2004（平成16）年2月に、典子さんと再婚している。知り合うきっかけは、アクセスが企画した2001年の新春対談ではないだろうか（著者の勝手な推測）。小野と典子さんの人柄がしのばれる、その対談を再掲してみる。

小野辰雄・典子夫妻の結婚披露宴。嬉しそう

**新春対談2001年の展望・活動**（ACCESS新聞：平成13年1月17日付け）

2001年新春。21世紀の幕開けです。私たち全国仮設安全事業協同組合が産声を上

げて初めての年明けが、世紀の変わり目という幸運にめぐりあったことを記念したいと思います。組合活動も発足以来、着々と実績を重ねているところですが、新春にちなみ一級建築士で女優としても活躍していらっしゃる松永典子さんをお招きし小野辰雄理事長と活動状況などについて対談していただきました。

一級建築士、女優　松永典子さん
（まつなが・のりこ）

東京理科大卒。一級建築士（ＩＤ造形センター一級建築士事務所所属）。グラフィックデザイナー。職業能力開発総合大学校非常勤講師を務めるかたわら、女優としてＮＨＫ水曜ドラマ『花へんろ』『ただいま』、同・連続テレビ小説『やんちゃくれ』、ＣＳ朝日ニュースター『パックイン・ジャーナル』、ＣＭのキッコーマン『うまさひとしお』などに出演、活躍中。今年はＮＨＫの土曜ドラマ『介護ビジネス』（2月24日から2回シリーズ）、『聖徳太子』（11月10日放送）での出演が決まっている。１９９４年度準ミス日本。東京都出身。

全国仮設安全事業協同組合
小野辰雄理事長

松永　あけましておめでとうございます。21世紀を迎えたわけですが、新春ということですので本日はＡＣＣＥＳＳの今年の展望や活動状況など、全般的なお話をお聞きして参りたいと思います。まず最初に、組織率からお聞きします。発足から半年余りなのに、この短期間の間に素晴らしい成果を上げていらっしゃいますね。

小野　昨年12月末時点での組合員数は２８３社です。６月の発足時が２６３社でしたので、約20社の方がたが新たに入会をされました。物量的には足場専業マーケットの80％くらいの組織率ということになります。建設業による労働災害を撲滅して、安心して働ける職場にしたい、というのがＡＣＣＥＳＳの目標であり、その思いは業界関係者すべてに共通することだと思いますので、魅力ある業界にしていくためにも、希望を言えばすべての足場専業者に組合員になってほしいですね。

松永　活動目的に後ろ向きな方はいらっしゃらないでしょうから、関係する業界の方がたすべてが組合に参加されるのは決して不可能なことではないと思います。個人的にも、業界が一丸となって活動され、建設現場での死傷災害の撲滅を達成されるのを期待しています。ところで、組合の具体的な活動内容はどのようになっているのでしょうか。

## 労災なくなるまで点検活動続けます

小野　政府の安全関係委員会に参加したり、安全対策の在り方を検討、勉強したり、各種の取り組みを行っていますが、何をさて置いても紹介したいのは「現場仮設安全点検活動」です。私どもの組合が現在、もっとも精力的に取り組んでいる事業であり、対外的な活動という点ではこの点検活動に集中して、特化しているといってよいかと思う。組合が存続する限り、あるいは建設現場で労働災害がなくなるまで実施し続ける覚悟です。

要はなぜ点検が必要なのかということですが、端的に言うと、守らなければならない安全衛生規則などが現実には、守られていないからです。いろんな要因や理由が考えられますが、安全確保のための規則なのですから、守れば確実に事故は減らせるはずだということなのです。さらに必要と考えることを後でお話ししますが、まずは決められていることは守りましょうということです。

松永　現状を教えていただけますか。どのように守られていないのでしょうか。

小野　細かいことを言ったらきりがありませんが、わかりやすい例をあげるなら、筋交いを省いたり、手すりやネットが不十分など、構造上の欠陥や事故につながる不備が至るところにみられます。

足場は組合員などの足場事業者が設計をして、施工者が組み立てるのが一般的です。足場のことは私たち足場屋が知っているのです。しかし、現実には設計どおりに架設されていないケースが散見される。崩れるような足場ではいけないし、足場のすき間などで足を踏み外して職人が転落するようなことがあってはいけない。

私たちの立場としては、そうした不備のない足場を提供して、職人の方たちが安心して働けるような職場になってもらいたいのです。

松永　長期のスパンでみると、安衛法ができて事故は漸減傾向にあると思いますが、まだまだゆゆしき状況にあるということですね。そういう状況にある大きな原因は使い方に問題があると…。

**事故防ぐには法律も進化しなければ**

小野　日本は順法の精神の旺盛な国民であると思います。問題は法律なり規則なりが万全ではないということもありますが、法規を守っているからいい、ということだけでは事故は防げないということに問題の根があります。法律のすきをかいくぐって、経済性を重視する余り、架設の際に手を抜くというような現実は、重大な問題なのです。一方で事故を招かないような立派な規則にする必要もあります。

法律も進化しなければいけないんです。

松永　二つの問題点を指摘していただきましたが、まず順法活動を展開するのが先ほどお話にありました現場点検活動ということになるのでしょうか。さらに、組合では行政当局に対し、法規の見直しなども要望したり、提言していくということなのでしょうか。

小野　専門の立場として提言は申し上げますが、不備があるなら率先して行政が正していくというのが自然な姿だと思います。要はこの重大な、取り残された仮設に起因する労働災害を撲滅するために、あらゆる関係者がそれぞれの立場で改革、革新をしていけばよいのです。私どもＡＣＣＥＳＳが積極的に展開するのは、冒頭に申し上げた現場仮設安全点検です。

個人的にはたとえ重装備で高コストの仮設になろうとも、職人が安心して働ける、不可抗力を許さないしっかりとした足場を装備するのが私たちの使命だと考えていますが、それはあくまで最終目標です。

まずは順法の精神で、法規どおりに組み立てられているかどうかＡＣＣＥＳＳの自主的な活動としてチェックしていこうということです。

## 仮設も「安ければいい」では駄目ですね

松永　私も建築士の端くれとして個人住宅などを中心に設計活動をしていますが、仮設についても「安ければいい」では駄目ですよね。しっかりした施工など後々のことを考えたら、ちゃんとしたコストを考えるべきだと思います。

小野　足場の図面は重要です。しっかりしたものなら本設もいいものができるんです。立派な設計でも足場がよくないと、たとえば溶接もしづらいかも知れないし、ボルトも締めにくい場合があるかも知れない。また、本設には役所の竣工検査がありますが、住宅などの小規模建設工事では足場計画は届け出の必要がないから検査もありません。仮設がなければ、すべて（の物件）と言っていいほど本設はできないのに、これでは落ち度があると言わざるを得ないと思う。

松永　欠陥のない足場を提供して架設する、そのためには安全監理をしっかりやろう、不良品は出さないよ（提供しない）ということですね。そういえば、本紙（『ACCESS新聞』）のVol・4　十二月号で仮設安全点検結果が報告されていますが、半数程度の現場で不備を指摘なさっています。

小野　昨年末に北関東4県でも労基署が一斉立ち入り検査を行い、奇しくも私たちACCESSの点検結果とまったく同じ54%の現場で改善勧告を出されています。私たちの点検結果については十二月号を見ていただきたいと思いますが、傾向としては半数程度での現場で不備があるといっていいかと思っています。

役所の改善勧告も法規に照らしてのものですので、順法の観点での私たちの点検活動は十分、意味がある。最初は元方のゼネコンなどから敬遠される懸念もありましたが、現場所長さんを含めどなたも協力的で、直接現場に従事されている全員が労働災害の撲滅を願っていることが改めてわかり、力強く感じています。建設業での死亡災害件数のうち、仮設に起因していると考えられるのは半数強の400人(年間)を数え、怪我を負う人となると年間2万2千人にも及びます。毎日、全国のどこかで一人以上の尊い命が仮設関係が原因で亡くなっていることになるのです。

新春に当たってACCESSの21世紀にかける目標や理念などを改めて周知したところですが、建設産業の未来を考えたら、何としても死傷災害を減らす努力をしなければいけません。

松永　お話はまだまだお聞きしたいのですが、残念ながら紙数が尽きて参りました。日々のACCESSの活動状況などについては今後とも、私自身も一読者として、また建築士の一人として本紙などを通じて勉強させていただきたいと思います。ただ、いずれにしましても、恥ずかしい限りですが意識することの少なかった仮設が、小野理事長とのお話を通じて身近なものになったように感じております。

20世紀から21世紀への世紀の変わり目のこのよい節目の時期にACCESSが活動を本格化されたことは、きっと時代のめぐり合わせでもあるのだろうと思います。活動には紆余曲折《うよきょくせつ》がつきものでしょうが、活動を堂々と展開され、必ずや立派な成果を上げられるよう祈念しております。本日はありがとうございました。

## 関係者が証言する小野辰雄の人間像

### ◎パフォーマンスがうまく、ひとたらし

小野勘代表
ゲーテハウス株式会社

小野のことを「親父はパフォーマンスがうまく、ひとたらしです」と笑いながら話すのは、ゲーテハウス（株）を経営する次男の小野勘氏。子どものころ、父親は超多忙で接した記憶はあまりないとのことであるが、高校、大学をアメリカで学ばせてくれ、人生の方向性を出してくれたことには感謝しているそうである。社会人になり、経営者として小野を見るようになってからは、「確固たる信念・ポリシーをもっているが、そ

れを人に押し付けたりしない。感情や思いつきだけでは、絶対動かない。慎重のうえに慎重を重ね、計算しつくしてから動く」と小野を評している。

ここからは、CCUS問題についての取材を続ける中で聞いた、小野に関するコメントを紹介する。まずは、建設職人基本法超党派国会議員フォローアップ推進会議のメンバーの方々。

◎小野さんを尊敬

私が上杉光弘元参議院議員が主催しておられた建設職人の安全確保、とりわけ墜・転落災害防止を主眼とした「足場議連」を引き継いだのだが2015年です。これが今ある「建設職人社会振興議員連盟」（自・公議連）です。この活動が原動力になって、建設職人基本法（建設工事従事者の安全及び健康の確保の推進に関す

フォローアップ議連特命チームの安全足場実地研修

る法律）が２０１６年両院総員の賛成により成立しました。
その後この議連メンバーに超党派の野党の方々も参加したフォローアップ議連（「建設職人基本法」超党派国会議員フォローアップ推進会議）ができ、私はその議長も務めています。
私は常日頃この議連に欠かさず出席しており、建設職人代表として熱のこもった小野さんの発言・提言を聞いて、小野さんを大変尊敬しています。議連総会でお会いしたときは、小野さんに対し、「遠慮せずどんどんやってください」と激励しています。

（二階俊博衆議院議員）

**◎常に職人のことを考えている人**

小野会長は、地位向上、処遇改善、そして安全対策など常に職人のことを考えています。職人を大切にするという根本があるので、スカイツリーの足場工事でも事故を起こしませんでした。安全対策に最優先して取り組んでいる小野会長の姿勢は尊重されるべきです。

（櫻田義孝衆議院議員）

**◎先頭に立つ闘士**

正義感が強くて、それによって突き動かされている人です。現場の職人やその家族の生活を考えて、彼らは弱い立場なので、血涙あふれる演説をします。小野会長は常に先頭に立つ闘士であり、職人の地位向上、処遇改善をはかろうとする情熱に、なんとかしなくてはならないと思わされています。

（長島昭久衆議院議員）

◎建設職人基本法成立の立役者

建設職人基本法は小野会長だからできました。建設職人の命を守る、同時に社会的地位を向上させたい、そういう強い熱意があったからできました。

小野会長のやることとは、建設業からみたら「よけいなことはやってくれるな」という目で見られます。安全を高めれば、それだけコストがかかります。そういう中で人を動かしていったのは小野さんの熱意、自分がやってきた仕事の自信とプライド、そして責任感、あとに続く若い人に誇りと自信をもってもらい、安心して働くようにさせたい。そういう環境をつくりたいという強い思いが基本法を成立させました。それがみんなを動かしました。

（古川元久衆議院議員）

◎驚愕の人である

人間に対する信頼が、そして人間を尊重しようとする意識が高く、情熱を傾けて、歴史を語り、正義を実現しようとする人です。また、普遍的なことから具体を語ることができる、ほかに例がない人でもあります。

危険な状況で仕事をしている職人がいなければ建設が成り立たないということを、私たち国会議員や広く世間に知らしめました。建設業界、そして足場業界に対する意識をかえました。あの身体のどこから、生命力、使命感、情熱がほとばしるのか、驚愕です。

（松原仁衆議院議員）

◎粘り強い人

小野さんは建設職人のことを考えて、全身全霊で活動しています。その姿に私たちも動かされています。建設職人基本法は小野さんの粘り強い交渉で成立しました。

（福島伸享衆議院議員）

◎母に似ていて大好き

小野会長は、職人の処遇改善、安全、地位向上に、すごい情熱をもって取り組んでいて、それをそばで見てきました。もう、なんとしてでもお手伝いしたいという気持ちです。大変な戦後を生き抜いてきた気概があり、そこがうちの母に似ています。小野会長を見ると母に重なります。うまく言えないけど、大好きです。

（青木愛参議院議員）

◎職人の社会的地位をあげるために、命をかけている

職人の命を守るために足場の会社をつくり、海外にまで進出しています。ものつくり大学をつくるなど、職人の社会的地位をあげるために、まさに命をかけていて、しかも形にして実現しています。ほんとにすごいと思います。また、建設職人基本法という法律をつくっただけじゃなく、個人的にもルマンに参戦し、人生を楽しむというところも素晴らしいと思っています。

（芳賀道也参議院議員）

◎協調の心をもって対話してほしい

小野会長が職人の安全と地位向上に、すごい情熱をもって取り組んでいるのは理解しています。ＣＣＵＳが動いてしまっていますが、目的は職人の処遇改善、地位向上なので、一方的に持論を主張するだけでなく、協調の心をもって建設業界や国土交通省と対話することを希望しています。

（上月良祐参議院議員）

◎「人格」という言葉に、誇りを奪われたくないという切実な思いがある

20数年前、小野さんが陳情にきてくれたおかげで、建築業界の実態や働く人の声を知ることができました。小野さんはどうやったら死亡事故を防ぐことができるかと一貫し

てぶれることなく、今も戦い続けています。「ＣＣＵＳに自分は反対である」と声高には言っていませんが、そのなかで伝えたいものがあるという、にじみ出るような主張をしています。「見える化大会」でスローガンに「人格」という言葉を使ったのは、仕事の誇りを奪われたくないという切実な思いがあるからだと思います。

（阿部知子衆議院議員）

**◎情熱をもっていて、熱い人**

建設職人基本法のフォローアップ議連に、自民党から共産党まで超党派で議員が参加しているのは、まさに小野さんの力です。まっすぐな人であり、情熱をもっていて、熱い人です。自分が苦労した分、安全、地位向上を次の世代に伝えようとしています。

（片山大介参議院議員）

**◎職人の命を守りたいという声が縁**

小野会長から「建設職人は毎日のように転落で命を落としている。職人の命を守りたいんだ」とお聞きし、この言葉に共感してご縁が始まりました。情熱溢れる言葉があったからこそ、ご一緒に、協力して建設職人基本法を成立できました。建設現場の実態と目標を情熱をもって教えてくれる、正に「小野学校」でした。

（小宮山泰子衆議院議員）

◎超絶リーダーシップの持ち主

建設職人基本法は、様々な立場の職人さんが関係している中、いろいろな意見があり、利害関係が複雑にからんでいます。その状況において、みなさんをまとめ、大きな目標に向かって取り組まれた統率力と人間力は余人をもって代え難いものです。超絶リーダーシップの持ち主だと感心しています。

（舟山康江参議院議員）

◎言葉以上のことをやり遂げる人

「技術立国、経済大国日本の基礎を支えているのが足場職人である。自分たちが居ないと工事は始まらない。しかし自分たちの立場は弱い。足場職人の事故はイギリスの3倍も多い。なんとしてでも職人を守りたい。だから声をあげるんだ」という小野さんの言葉で実態を知り、一緒にやりたいと思い、やってきました。自分の言葉以上のことをやり遂げる人です。尊敬しています。

（新藤義孝衆議院議員）

◎人に分け隔てがない

行動力のある人ですね。思ったら、即実行します。職人の地位の向上、安全を図ろうとする執念があります。そこに、自社の製品を売りたいなどという損得勘定は一切ありません。人に分け隔てがなく、議員に対しても与党・野党に関係なく、同等に付き合います。性格がストレートで気持ちがよいので、みんなが安心して付き合うのではないでしょうか。

（逢坂誠二衆議院議員）

◎二種類の「情」をもつ人

「情」の人だと思います。「情」には2種類あり、まず「人に対する人情」。とくに墜落・転落で亡くなった人、その家族を思いやる心が強いと思います。そして、それを是正できない行政に怒りを感じ、それが小野さんを動かしています。次に人を動かす「情熱」。小野さんには、職人みんなをまとめ、政治家も動かす魅力と力があります。

（前原誠司衆議院議員）

◎長い年月をかけて足場の安全をはかっている

大変努力家ですね。それからアイディア、知識、技能、技術をもっています。長い年月をかけて、足場をより安全なものにしようと努力を続けていることは実に素晴らしい。

（佐藤信秋参議院議員）

続いて、同業の方々、仕事関連の方々の声を掲載する。

### ◎人の縁を大切にする人

いつだったか、（アポはあったが）連合会長室に訪ねてこられたことに驚きました。対談をしに来られて、その内容を機関誌に載せるということでした。それが縁で、なんだかんだで付き合いが続いています。一度の縁のようなものでも、その方を大切にされる方だと感じています。

（古賀伸明元連合会長）

### ◎信念の人

中村信吾
会長

小野さんの魅力は、ロマン、人への興味などいろいろあるが、何よりも信念を感じます。たとえば、先行手すり足場。大手業者がつぶしにかかったが、小野会長はそれを信念ではねのけて、国交省、労働省に、「これは必要だと言わしめた」。いまや、先行手すり足場は当たり前のものとなっている。まさに小野さんの功績です。

（中村建設株式会社　中村信吾会長）

### ◎小野さんの言葉に目からうろこ

ＣＣＵＳは、賃金体系とリンクさせれば職人が納得する賃金を支払うことができるという点で有効だと思いますので、導入しています。が、小野さんの「ＣＣＵＳは基本的

岡村清孝
代表

人権に反する」という言葉は、考えたこともなく、目からうろこが落ちる思いでした。資格取得は任意であるべきであり、ＣＣＵＳは制度設計上、少々乱暴なのかもしれません。

（岡村建興株式会社　岡村清孝代表）

◎話せばわかる人

小野会長の職人を大事にする気持ちに意気投合し、アクセスと包括協定を結びました。小野会長は話せばわかる人です。また、納得できないことは納得できないと言うので、信頼できます。

（一般社団法人日本鳶工業連合会　清水武会長）

◎使命感で職人の安全を守り、地位を向上させようとしている

小野さんには、職人の安全を守り地位を向上させるという強い気概がありました。自社の利益のために行動しているといった非難も時折耳にしましたが、私は、純粋に職人のことを思ってのことととらえていました。組合設立時は、ボランティア的な事業ばかりで永続できるか心配でしたが、今に至るまで続いているのは小野さんの信念が人を惹きつけてやまなかったからだと思います。

（一般財団法人建設経済研究所　佐々木基理事長）

◎魂で生きている

平野啓子さん

職人のみなさんを家族一員のように大切にされており、現場での墜落事故をなくし、安全な足場を提供し、安全を保証する体制を整えることに奔走していらっしゃいます。足場職人の安全のため、軸がぶれることなく、ひとりでも闘う覚悟をお持ちです。魂で生き、魂で話されるので、氏の言葉に魂が宿ります。心の奥底に伝わってきます。

(語り部/かたりすと/キャスター/大阪芸術大学教授　平野啓子さん)

◎小野辰雄氏と仮設工業会との関わり

小野辰雄氏と仮設工業会との関係は、昭和52年に監事(昭和60年〜監事から理事へ)になっていただいたことから始まり、約45年間にわたり、仮設工業会の役員として、業務執行の決定に携わっていただきました。

最近では、小野辰雄氏が理事長をしていた全国仮設安全事業協同組合と共催で、令和2年12月に「足場等の安定性と安全ファクター及び強風対策に関する基本事項検討委員会」を設置・検討し、壁つなぎと建物が適切に接合されていることを前提として、メッシュシートや防音パネル・防音シートを設置している場合には、労働安全衛生規則に基づき作業を中止しなければならない強風が吹くと予想されるときは、壁つなぎの設置間隔は原則2層2スパン以内とすることなどの成果を得ることができました。

また、システムとして組み立てられた仮設構造物等の使用時における安全性を確保するため、昭和62年に「仮設構造物等の安全性に関する承認制度」を開始した際には、いち早く申請していただき、日綜産業（株）の「3Sシステムを用いた足場・支保工・昇降階段」は、承認第1号となっています。

さらに、仮設構造物等に起因する労働災害の防止に関する普及啓発活動のため、東京・大阪の両試験所に設置している展示資料館が、バブルがはじけて展示物の数が大きく減少したときには、小野辰雄氏が率先して足場等の仮設構造物を提供してくれました。この件だけでなく仮設工業会が困った際は、いつも親身になってサポートいただいたと聞いています。

現職の前、私は、独立行政法人労働安全衛生総合研究所で所長や研究者として、長く建設安全研究を担当していました。小野辰雄氏との関わりはその当時からありました。

２００９（平成21）年の足場関連の労働安全衛生規則の改正は、建設業界、とりわけ足場業界にとって大きな転換でした。その約2年前の２００７（平成19）年5月に、足場の安全性について検討するため労働安全衛生総合研究所が「足場からの墜落防止措置に関する調査研究会」を立ち上げました。小野辰雄氏にはその検討会の委員に就任していただきました。私は、建設安全研究部長として当研究会を担当していました。

この研究会の開催に当たって、欧米の足場の規制について、まずは文献調査を行いました。その結果、わかったのは、欧米では足場については、ほぼ1m程度の高さの手すり、それに加えて中さん及び幅木の設置が規定されていることでした。当時の日本の労働安全衛生規則では、手すり等の高さは75㎝以上とすることとされ、手すり一本のみでもよいとされていました。このように日本と欧米では大きな差があることがわかりました。これらの状況の確認のため、米国と欧州（英仏独）の現地調査を行いました。そこで目にしたのは、規則がしっかりと守られているという実態でした。

このようなことも参考とされ、「①国際的に遜色のない基準とする。②災害の発生状況を踏まえ、対策の充実を図る。という2つの観点を踏まえ、足場からの墜落災害等を防止するための対策を充実・強化すべきである。」という提言がまとめられました。当該提言を踏まえて、平成21年に規則改正が行われ、日本の規則は、ほぼ世界標準になったと言えます。

2015（平成27）年の規則改正では、足場の組立て等の作業に係る業務の特別教育や組立て等の作業時における安全帯取付け設備等の設置などが追加されました。更に、2023（令和5）年の規則改正では、一側足場の使用範囲の明確化や足場の点検者の指名の義務化などが制定され、小野辰雄氏の当時からの主張のとおり、世界のトップと肩を並べるための基盤が整備されつつあると思います。

また、遡りますが、足場組立・解体時に最上層の足場で手すり等が無いところでの作業で墜落死亡災害が多いことから、墜落防止を研究する者として、防止対策を模索していたころ、小野辰雄氏が推奨する「手すり先行工法」を知って、この方法があったのかと衝撃を受けたことを思い出します。この「手すり先行工法」は、厚生労働省労働基準局長の施行通達（２００３年、２００９年改正）により「手すり先行工法に関するガイドライン」として示されました。

近年の建設安全にかかる世界の趨勢は、発注者責任（適正な請負代金の額、工期等の設定）とフロントローディング（設計段階からの安全）です。小野辰雄氏が尽力され、２０１６（平成28）年に制定された「建設職人基本法（建設工事従事者の安全及び健康の確保の推進に関する法律）」には、基本理念として、①請負契約において適正な請負代金の額、工期等が定められること、②必要な措置が建築物等の設計、建設工事の施工等の各段階において適切に講ぜられること、③建設工事従事者の処遇の改善及び地位の向上が図られることなどが謳われています。世界レベルの建設安全への推進にとって大きな一歩と思います。

これらは、ほんの一例とは思いますが、日本における足場や建設工事の安全の進化は、小野辰雄氏の貢献の賜物と思っております。

（一般社団法人仮設工業会　会長　豊澤康男）

次に、小野がつくりあげた会社である日綜産業（株）の元社員、現役社員の方々の寄稿を届ける。身近に接してきた人たちの文だけに、興味深いものが多い。

◎開発となると、夢のなかでまで夢中になって考える

私は専門学校で技術を学び入社しました。その当時の技術者は広島に1名、東京3～4名と記憶しています。福岡で入社し、その後5か所ほど転勤して、現在幕張で勤務。

さて、「キャリテージ」という商品がありますが、その1号機を開発するときにお手伝いをしましたが、新商品の出来栄えを確認するときに、小野会長に出会いました。

初日は夜まで組み立て確認をし、夜になると、「小峠、、晩飯に行くぞ！」と…。会長のモットーは、今日の仕事は今日中に…、そのときは露知らず…。飲んで食べて寝て、30分くらい経ったか！　部屋の電話が鳴り、「さあ、反省会をするから俺の部屋に来い！」でした。という具合で、その後も常にこの調子。

安全な製品を開発するとなると朝から夜まで、また夢のなかでまで夢中になって考え

ている。技術家からしても敬服の一言。

岩間での開発試作について一言…。会長と現場で共に夕食なしで朝の白んだ頃…。「お～、こんな時間か…。そろそろ解散とするか…」で解散。寝ずに車を運転して帰られた。まったくの凄いパワー（と感心）。

また、よいアイデアが浮かんだのか？　引き返してきて変更の指示。

これらは何度かの墜落事故が原因で、働く人の安全を守らねばだれが守るのか！の強い意志と執念から出てくるものであろう。

最後に、「楽しみは一人で楽しまず、皆で楽しみたい」という考えをされる方で、5年ごとに家族を連れての海外研修・観光巡りがある。これは、「父ちゃんの仕事はどんなものか、製品を触って身をもって家族にも知ってほしい」との思いからだろう。

（特許開発室長　**小峠利信**）

製品開発中の小野辰雄

## ◎小野会長の根本はプライドにあり

日綜産業グループには、３Ｋマスターという制度があります。「計画するは日綜社員の出発点、実行するは喜びで、結実するは本物なり。計画はビジョンであり、実行は弛まぬ努力であり、そして結実はロマンである。」という会長の理念を社員が実践するようにと、期首に目標を立て期末までに達成を目指す一種の目標管理制度です。目標達成者は期末に表彰され副賞が授与されます。一般的な会社では、業績表彰はごく限られた少数の業績優良社員が華やかにたたえられますが、当社の場合は、会長のよりたくさんの社員を表彰するようにとの考えにより、多いときには6～7割近くの社員が表彰されることがありました。表彰制度の運営側の立場にあった私は、表彰されない社員の方が少なくて表彰の意味があるのだろうか、本当に成績優秀な社員のみを表彰するべきではないかと上申したことがありました。しかし、会長はにこにこしながら、なるべく多くの社員を表彰するようにと、返事されました。今、振り返って思えば、成績トップの社員はそれなりの表彰と副賞を授与されていました。が、その業績は、本人の努力はもちろんのこと、それを陰で支えた多くの努力と協力の上に成り立っている、影の功労者を見逃してはならない、だれにも等しく注意を向けようとされる会長の人への想いであったのではないかと考えています。予想外に表彰された社員は、驚きとともに存在を認められたことに対する喜びの笑顔で溢れており、全体の一体感が強まる時間となるのでした。このことは5年に1度、海外で開催される記念大会にも全社員を参加させること、また、前々回、前回は家族も帯同となりましたが、全家族がステージ上で自己紹介するということにも顕れているものと思います。幹部社員や成績優秀社員のみでなく、長時間に及ぶことをいとわずに全社員、全家族に等しく視線が注がれているのです。ちなみに、記念大会では家族ごとに好きな所へ行き観光を楽しむのですが、会長は会社のゲストのみならず、すべての社員・家族が観光に出発するのを見送られるのです。

小野会長の根本は、とても高いプライドにあると思います。ご自身のプライドの高さから、他の人のプライドも尊重する。プライドが高いから、差別的扱いに反発する。プライドが高いから、一流であろうとする。例えば、他社が先行して発売している製品の類似品は絶対に製造しないし、扱わない。技術力で負けたくない、だから、扱

安全に勝る経済なし

「安全に勝る経済なし」の思想のもと特許に裏打ちされた自社開発製品の追求に余念がない。おそらく、同業において、取得したパテント数では他社の追随を許さないでしょう。そして、製品開発、技術の追求でも絶対に妥協しない。製品開発、技術の追求だけでなく、他のことでも妥協しない。だから、これでようやく決まったなと思ったら、変更、変更となり、最後はどうなったんだか会長以外はわからなくなってしまうこともあります。そんな思いの自社製品に自信＝プライドがあるから、価格で競う受注戦略は取らない。当社でなくてもできる案件には向かない。仮に受注しても、他社ではできないソリューションを提供する。得意先であっても、下請ではない。多くの費用と時間を費やしてまで行う5年毎の記念大会も、見方を変えればこれが小野辰雄流＝日綜流だ、上場企業でも到底できないだろう、やれるものならやってみろというプライドが根底にあるのかもしれません。

会長のこのプライドの強さを表した言葉が日綜イズム（顔行真心）ではないでしょうか。「顔は柔和で smiling、行うは speciality の本格化、そしてけじめは真剣勝負、心豊かで安らぎの enjoy するも一級品、これぞＮＩＳＳＯイズムなり！」

（専務取締役　土屋豊）

## ◎職人魂で信念を貫き通す経営者

人間小野辰雄を評価すると、「職人魂で信念を貫き通す」稀代まれなる経営者だと言えます。加えて、独学で基礎工学を身に付けたスーパー職人でもありました。このことは、彼の生まれ育った境遇や、徒弟制度が蔓延する社会へ巣立った凄まじい経験から来たものに他ならないと思っています。また、建設職人の命を守りぬく仮設足場の偉大な発明家であり、今日まで業界の先頭に立ち続け、建築、土木を問わず全国のあらゆる現場に提供し続けてきた功績は、日綜産業の実に誇らしいヒストリーだと思っています。すなわち、職人の命の尊厳を礎に「職人が安全に安心して、最高の技術や技能を発揮できる作業環境を整えたい」との使命感こそが、世代を超え受け継がれた企業ポリシーであり続けると確信しています。幸せな人生への希求は、日綜産業においてはNISSO FAMILYにより連帯しているが、小野辰雄にとっては生涯にわたり全国の建設職人の皆さんと共にあるわけです。

職人の社会的地位の向上こそ彼が培ってきた人生哲学であり、職人大学構想を掲げた「サイトスペシャルズ・フォーラム（ＳＳＦ）」（学会、専門工事業・宮大工）の創設は、最初に手掛けた公的な組織でした。私の知る限り、我が国における「マイスター制度」の専門的な知識を有する抜きんでた研究者でもありました。何度も現地を訪れ、実情を把握して、職人のステータスが確立されている欧州の制度を見習い、国内各地におけるスクーリングを通じて日本に息づかせようとしたのです。二つの構想を粘り強く、多くの政治家や行政に訴えてきた結果として「ものつくり大学」の創設につながっていきました。

新たな価値を備えた本大学は社会貢献の認知度が高かったものの、思い描いた内容とまでは行き着けなかったことから、小野辰雄は真の職人の社会的地位向上を目指して再び挑戦を始めたのです。業種的に存在感の薄い仮設業界から声を上げていく初めての試みでありました。この業界で群雄割拠する一国一城の主に対して、熱い思いで理念を説き、賛同者を集め、全国仮設安全事業協同組合の設立に至りました。

当初は相手にもされず、さまざまな所から誤解を招き圧力を受けてきましたが、仮設の安全を高めることにより職人の命を守る活動には、だれも異論があるはずがなく、2016年には苦難を乗り越え、歴史を刻む全会一致の『建設職人基本法』が制定され

サイト・スペシャルズ・フォーラムのシンポジウム

ました。細則をまとめるにあたっては、理念一致、手法不一致の状態が続いており、立派な仏を創り上げたが、魂を入れ込む作業は職人自ら行うものであると今も信じて疑いません。職人の制度が確立していればとの心残りもありますが、完結編を目指してこれからの活動に期待を寄せています。

小生は小野辰雄の昭和歌謡にも似た波乱万丈の人生劇場、この素晴らしきライフワークを大いに楽しみながら続けてほしいと願っています。寄稿するにあたっては長年支えてきた側近として、熱い思いを共感しながら体現した者の回顧として捉えていただきたい。

（元日綜ホールディングス副社長　立花榮之）

◎私にとっての「親方」

私の入社は日綜産業創立９年目の年です。今でいう入社内定式の会食の場に登場した小野会長（当時は社長）は作業服姿でした。「会社のためなんて思うな、自分のために働けばいいんだ…」と笑いながら言う職人風情の社長に、随分ダイナミックで型破りな社長だな、と驚いたこと、今も鮮明に記憶しています。

そして今も、どこまでも職人側の目線に立って、労働災害撲滅と職人の地位向上のため戦っている小野会長の驚異的なバイタリティには、ただただ驚くのみです。

私にとっての「親方」である会長、いつまでもお元気で、と切に切に願っています。

（プロジェクトエンジニアリングソリューション室長　大和久忠政）

**◎小野会長の人物像**

①職人（器用、情に熱い）　②天才（頭脳明晰）

③タフマン（不死身）　④化け物（変幻自在）

⑤親分（決断力）

①から⑤を全てもって機に応じ、その能力を遺憾なく発揮する人です。

（元常務取締役　小川清治）

**◎小野会長と一緒に仕事できたことは、何ものにも代えがたい幸運なこと**

私は１９７５年に日綜産業名古屋支店に入社後、東京本社に転勤して以来、約42年間日綜産業で働いてきました。とくに、私が小野会長と深く関わりをもつようになったのは、１９８５年ごろに開発室が新設され、小野会長と私、そして日綜産業の関連会社であった伸成鋼業所の風見社長（試作品の製作を担当）の合計３人でスタートしたときからです。小野会長と仕事をするようになった私は、会長が建設現場で働く作業員の安全や地位向上のために、精力的に活動されているのを見ていました。

折しも、１９８７年11月、（社）仮設工業会は、「仮設構造物等の安全性に関する承認制度」を発足させました。会長は、この承認制度は今後の仮設構造物に画期的な革命を起こすことになるかもしれない重要な制度だと話されました。そのころ、開発を終えて生産に入っていたニッソー3Sシステム・オタクゴンシリーズは、まさしくこの承認制度に合致するシステム足場・支保工であったので、小野会長から承認の取得のために全力を尽くすようにと言われ、早速、書類作りと種々の強度試験を行い、それらをもとに申請に必要な書類を準備して仮設工業会が指定していた受付開始日の当日に書類の提出を済ませました。

当時、クサビを用いて組み立てる仮設物は振動などでクサビが緩めば倒壊するのではないかとする否定的な考えがあったが、仮設工業会の森宜制元会長は本省に出向かれて、仮設物にクサビ使用禁止の規定条項の有無を調査された結果、そのような条項

ニッソー3Sシステム・オタクゴンシリーズ

はないことが判明してからは、森会長はじめ仮設工業会の担当者のご指導により、各種の性能試験や申請書類の精査を経て、承認審査委員会に諮られ、1988年4月、3Sシステムは「仮設工業会仮設構造物等の安全に関する承認規程」の第1号に承認されました。このことは、日綜産業にとっては大変名誉なことですが、しかし、それよりも、今後、この種のクサビ結合式システム足場・支保工が建設工事の現場で広く使われて足場・支保工組立作業員や建設現場で働く人々の安全・安心の向上に、微力ながら役立つことができるようになったことが私たちの偽らざる喜びでした。あのときの小野会長の満面の笑顔はとても印象的で、あのときの映像が私の脳裏に残っています。

私にとって一時期を会長とご一緒に仕事をさせていただいたことは、何ものにも代えがたい幸運なことでした。本当にありがとうございました。

（元開発室長　蔵本喜久造）

### ◎小野会長はあるべき人間の姿を示す人

日立造船有明工場（新規建設）の大型タンカー製造ラインで使用する設備、UK足場自走式台車及び付属するアルミ製足場を一式約1億円で受注しました。そのときの工場長は太田氏でしたが、引き渡し後亡くなり、小野社長（当時）と私で太田氏の自宅に弔問しようということになり、二人で兵庫県芦屋の自宅に伺い、ご焼香させていただきました。私個人では思いつきませんでしたが、受注するにあたり御尽力いただいた方に礼を尽くす姿勢に感服いたしました。

「どんなことも楽しく」、小野は笑顔を絶やさなかった

昭和49年、大島造船所（48年設立）より、足場に関するあらゆる機材を受注しました。それに伴い、佐世保工作所を建設し、アルミ足場板等の加工を始めました。

そのときの受注総額は約７億円くらいでした。小野社長は進取果敢な姿勢でことにあたり、私は人生のなかで「人間とはこうあらねばならない」と思いました。

林兼造船株式会社長崎造船所からスタンション（手すり柱）を受注しておりましたが、ある日突然某製作所に発注したと連絡を受け、急いで客先に伺い撤回を申し入れましたが受け入れてもらえません。小野社長（当時）に電話で報告するが、粘り強く諦めるなとの言葉でした。福岡の自宅に戻り、泊まりの支度をしてその日長崎に戻り、係長の自宅を訪問し、再度撤回をお願いしました。翌日長崎造船所を訪問したところ、某製作所は断って日綜に決めたとの言葉をいただきました。小野社長の指導の賜物と感謝し、（その経験を）自分に生かしております。

浅草ビューホテルでは、当時、型枠材をアルミ製で開発し、上記現場に売り込み、受注（材工共）しました。工事が始まり3〜5か月後、このまま工事を続けると大赤字になるとの判断で、途中で工事から手を引くこととなり、社長と同行の上、元請会社の所長に断りに行き、ことなきを得ました。そのときの社長の態度は立派でした。上に立つ人は、火中の栗を拾う気持ちでことにあたる気持ちが大事であることを勉強しました。

（元常務取締役　野崎義人）

**◎情熱と信念で諸事を成し遂げた**

造船業界に従事し、体感したことが改革につながったことと思われます。

情熱と信念のもとに、次のようなことを行いました。

1．安全な作業足場に係る技術開発（先行手すり、幅木、他）　2．職人の地位向上を目指し、技術及び能力アップの導入　3．足場の労働安全衛生規則の見直し、ならびに新規導入　4．足場の安全点検チェックリスト等システムの導入　5．有資格者による足場安全点検の導入　6．社員全員に仮設安全監理者資格をはじめ、公共機関の足場にかかる資格所得。

会長の趣味は、まず自動車で、スポーツカーをはじめ、多種多様です。ゴルフはたいへん上手で、往年はシングルプレイヤーとお聞きしております。

私がお世話になり25年ほど経過した頃に退職を願い出たときには、親身になって相談に乗っていただき、おかげさまでそれから約10年、75歳まで日綜人生を謳歌することができました。ありがとうございました。

（元仮設安全監理部長　稲垣和夫）

趣味が高じてF1に参戦

## ◎一貫して「安全・安心」を追求した人

１９７４年の12月ごろのこと、自分は大阪の営業所勤務で納品作業、営業業務と忙しい日々でした。営業店には店長、係長、事務方の女性と私の４人でした。

忙しい毎日でした。通常通り納品、営業と日常業務を終えて日報記帳時に１本の電話がありました。店長が取り、話をし終えると、小野社長（当時）からの電話だったことを話してくれました。

今、大阪にいて、これからみんなで飲み会をする誘いでした。突然のことで皆驚きましたが、会場のあるホテルのディナーショーへ行き、お会いしました。なんで大阪にいるのか尋ねたところ、三菱重工業造船所購買部に何日か前から通い続け、受注にこぎつけたとの話でした。造船営業担当者が通って売り込んでいた日綜パテント製品が採用されなかったことで、社長自ら購買部に日参し、説得して採用してもらったとのことでした。

我々の知らないところで自社の製品の安全に対することや、安心して作業ができ、作業者の命を守ることに全力を尽くし説得されていたことを聞き、頭の下がる思いがしました。

日々ライバル会社との競争で受注をしていた自分は、本当に自社の製品を安全、安心できる商品として売り込んでいたか反省させられました。

こと安全については常に作業に携わっている人のことを思い、安心して作業できる足場に思いを寄せている方だと改めて頭に叩き込まれました。

このことを念頭に置き、30数余年在籍しました。自分が入社してから退社するまでの小野社長への思いは、一貫して「安全・安心」の言葉通りの社長でした。この業界のトップリーダーとして益々のご活躍を祈念しております。

（元マーケティングコントロール室長　酒井義人）

コラム

## 『土木のこころ』が結んだ縁

『土木のこころ』は田村喜子さん（1932-2012）が著し、2002年に山海堂から出版された。明治から平成にかけて、ロマンをもって国づくりのために活躍した土木技術者20人の軌跡と心が語られている。その20人のうちの一人が小野辰雄である。

絶版となっていたが、注釈や年表などが加えられ、2021年、現代書林より復刻版が出版されている。

田村喜子さんの本を読み合う会があり、そこに参加しているのが、清水建設の白木綾美さんと熊谷組の濱慶子さんである。

### ●二人で小野に会う

『土木のこころ』の愛読者である白木さん、濱さんは、本に取り上げられている20人のうち、存命であるのが小野だけになってしまっているのをとても気にしていた。本では読んでいるものの、実際に会って、肉声を聞いてみたいと思った。そして、2022年11月15日、二人で小野を訪ねた。

二人を前に、小野は職人としての人生を語った。職人の仕事は危険で死んだ仲間が何人もいたこと、自分も3度も死にかけたこと、職人技には理論の裏付けがあること、職人の安全を守り、地位を向上させるために生涯をかけて闘っていること、などなどである。

**●白木さんと小野は30年以上前に会っていた**

『土木のこころ』がきっかけで二人

３人で記念撮影（左：濱慶子さん　右：白木綾美さん）

が小野に会うのも不思議な縁を感じるが、実は白木さんは30年以上前に小野に会い、対談しているという。小野が、職人大学（現ものつくり大学）をつくろうとサイト・スペシャルズ・フォーラム（SSF）を立ち上げ、活動していたころである。

そのころ白木さんは関東学院大学の学生で、「全国土木系女子学生の会」を立ち上げていた。顧問の一人である三浦裕二日大教授は、SSFにも参加していた。その縁で白木さんに小野との対談をすすめ、実現したのである。職人大学や女性の雇用について小野が語ったことが印象に残っているそうである。

**●小野会長の「土木のこころ」は人を愛し、差別しないこと**

小野に会った二人は、20人のうちの一人に選ばれた偉人のイメージとは違い、温かい人柄に感心したそうである。小野の印象を白木さんは「純粋で人なつっこい」と言い、濱さんは「リーダーでありながら人柄が温かく、親しみやすい」と言った。話の折々に「愛」を口にする小野を見て、二人は「小野会長の『土木のこころ』は人を愛し、差別しないこと」と思ったそうである。

# 資料編

# 1　建設工事従事者の安全及び健康の確保の推進に関する法律（建設職人基本法）

法律第百十一号　2016（平成28）年12月16日公布　2017（平成29）年3月16日施行



## 第一章　総則（第一条–第七条）

（目的）

第一条　この法律は、国民の日常生活及び社会生活において建設業の果たす役割の重要性、建設業における重大な労働災害の発生状況等を踏まえ、公共工事のみならず全ての建設工事について建設工事従事者の安全及び健康の確保を図ることが等しく重要であることに鑑み、建設工事従事者の安全及び健康の確保に関し、基本理念を定め、並びに国、都道府県及び建設業者等の責務を明らかにするとともに、建設工事従事者の安全及び健康の確保に関する施策の基本となる事項を定めること等により、建設工事従事者の安全及び健康の確保に関する施策を総合的かつ計画的に推進し、もって建設業の健全な発展に資することを目的とする。

（定義）

第二条　この法律において「建設工事」とは、建設業法（昭和二十四年法律第百号）第二条第一項に規定する建設工事をいう。

2　この法律において「建設工事従事者」とは、建設工事に従事する者をいう。

3　この法律において「建設業者」とは、建設業法第二条第三項に規定する建設業者をいう。

4　この法律において「建設業者等」とは、建設業者及び建設業法第二十七条の三十七に規定する建設業者団体をいう。

（基本理念）

第三条　建設工事従事者の安全及び健康の確保は、建設工事の請負契約において適正な請負代金の額、工期等が定められることにより、行われなければならない。

2　建設工事従事者の安全及び健康の確保は、このために必要な措置が建築物等の設計、建設工事の施工等の各段階において適切に講ぜられることにより、行われなければならない。

3　建設工事従事者の安全及び健康の確保は、建設工事従事者の安全及び健康に関する建設業者等及び建設工事従事者の意識を高めることにより、安全で衛生的な作業の遂行が図られることを旨として、行われなければならない。

4　建設工事従事者の安全及び健康の確保は、建設工事従事者の処遇の改善及び地位の向上が図られることを旨として、行われなければならない。

（国の責務）

第四条　国は、前条の基本理念（次条及び第六条において「基本理念」という。）にのっとり、建設工事従事者の安全及び健康の確保に関する施策を総合的に策定し、及び実施する責務を有する。

（都道府県の責務）

第五条　都道府県は、基本理念にのっとり、国との適切な役割分担を踏まえて、当該都道府県の区域の実情に応じた建設工事従事者の安全及び健康の確保に関する施策を策定し、及び実施する責務を有する。

（建設業者等の責務）

第六条　建設業者等は、基本理念にのっとり、その事業活動に関し、建設工事従事者の安全及び健康の確保のために必要な措置を講ずるとともに、国又は都道府県が実施する建設工事従事者の安全及び健康の確保に関する施策に協力する責務を有する。

（法制上の措置等）

第七条　政府は、建設工事従事者の安全及び健康の確保に関する施策を実施するため必要な法制上、財政上又は税制上の措置その他の措置を講じなければならない。

## 第二章　基本計画等

（基本計画）

第八条　政府は、建設工事従事者の安全及び健康の確保に関する施策の総合的かつ計画的な推進を図るため、建設工事従事者の安全及び健康の確保に関する基本的な計画（以下この条及び次条第一項において「基本計画」という。）を策定しなければならない。

2　基本計画は、次に掲げる事項について定めるものとする。

一　建設工事従事者の安全及び健康の確保に関する施策についての基本的な方針

二　建設工事従事者の安全及び健康の確保に関し、政府が総合的かつ計画的に講ずべき施策

三　前二号に掲げるもののほか、建設工事従事者の安全及び健康の確保に関する施策を総合的かつ計画的に推進するために必要な事項

3　厚生労働大臣及び国土交通大臣は、基本計画の案を作成し、閣議の決定を求めなければならない。

4　厚生労働大臣及び国土交通大臣は、前項の規定により基本計画の案を作成しようとするときは、あらかじめ、関係行政機関の長に協議しなければならない。

5　政府は、第一項の規定により基本計画を策定したときは、遅滞なく、これを国会に報告するとともに、インターネットの利用その他適切な方法により公表しなければならない。

6　政府は、建設工事従事者の安全及び健康の確保に関する状況の変化を勘案し、並びに建設工事従事者の安全及び健康の確保に関する施策の効果に関する評価を踏まえ、少なくとも五年ごとに、基本計画に検討を加え、

必要があると認めるときには、これを変更しなければならない。
7　第三項から第五項までの規定は、基本計画の変更について準用する。

（都道府県計画）
第九条　都道府県は、基本計画を勘案して、当該都道府県における建設工事従事者の安全及び健康の確保に関する計画（次項において「都道府県計画」という。）を策定するよう努めるものとする。
2　都道府県は、都道府県計画を策定し、又は変更したときは、遅滞なく、これを公表しなければならない。

## 第三章　基本的施策

（建設工事の請負契約における経費の適切かつ明確な積算等）
第十条　国及び都道府県は、建設工事の請負契約において建設工事従事者の安全及び健康に十分配慮された請負代金の額、工期等が定められ、これが確実に履行されるよう、建設工事従事者の安全及び健康の確保に関する経費（建設工事従事者に係る労働者災害補償保険の保険料を含む。）の適切かつ明確な積算、明示及び支払の促進その他の必要な施策を講ずるものとする。

（責任体制の明確化）
第十一条　国及び都道府県は、建設工事従事者の安全及び健康の確保に関する責任体制の明確化に資するよう、建設工事に係る下請関係の適正化の促進その他の必要な施策を講ずるものとする。

（建設工事の現場における措置の統一的な実施）
第十二条　国及び都道府県は、建設工事の現場において、建設工事従事者の安全及び健康の確保に関する措置が統一的に講ぜられるよう、建設業者の間の連携の促進、当該現場における作業を行う全ての建設工事従事者に係る労働者災害補償保険の保険関係の状況の把握の促進その他の必要な施策を講ずるものとする。

（建設工事の現場の安全性の点検等）

第十三条　国及び都道府県は、建設工事従事者の安全及び健康の確保を図るため、建設工事の現場の安全性の点検、分析、評価等に係る建設業者等による自主的な取組を促進するものとする。
2　国及び都道府県は、建設工事従事者の安全及び健康の確保を図るため、建設工事従事者の安全及び健康に配慮した建築物等の設計の普及並びに建設工事の安全な実施に資するとともに省力化及び生産性の向上にも配慮した材料、資機材及び施工方法の開発及び普及を促進するものとする。
（建設工事従事者の安全及び健康に関する意識の啓発）
第十四条　国及び都道府県は、建設工事従事者の安全及び健康に関する建設業者等及び建設工事従事者の意識の啓発を図るため、建設業者による建設工事従事者の従事する業務に関する安全又は衛生のための教育の適切な実施の促進、建設業者等による建設工事従事者の安全及び健康に関する意識の啓発に係る自主的な取組の促進その他の必要な施策を講ずるものとする。

## 第四章　建設工事従事者安全健康確保推進会議

第十五条　政府は、厚生労働省、国土交通省その他の関係行政機関（次項において「関係行政機関」という。）相互の調整を行うことにより、建設工事従事者の安全及び健康の確保の推進を図るため、建設工事従事者安全健康確保推進会議を設けるものとする。
2　関係行政機関は、建設工事従事者の安全及び健康の確保に関し専門的知識を有する者によって構成する建設工事従事者安全健康確保推進専門家会議を設け、前項の調整を行うに際しては、その意見を聴くものとする。

### 附　則

この法律は、公布の日から起算して三月を経過した日から施行する。

（厚生労働・国土交通・内閣総理大臣署名）

# 2 国土交通省告示第四百六十号

建設技能者の能力評価制度に関する告示を次のように定める。
平成三十一年三月二十九日

国土交通大臣　石井　啓一

## 建設技能者の能力評価制度に関する告示

（目的）
第一条　この告示は、建設キャリアアップシステムに登録され、又は蓄積される情報を活用した建設技能者の能力評価の実施に関し必要な事項を定めることにより、能力評価の適正な実施を確保し、建設技能者が技能や経験に応じた評価や処遇を受けることのできる環境の整備を図るとともに、建設技能者のキャリアパスの明確化を図ることで、建設業の担い手を確保することを目的とする。

（定義）
第二条　この告示において「建設キャリアアップシステム」とは、一般財団法人建設業振興基金が提供するサービスであって、当該サービスを利用する工事現場における建設工事の施工に従事する者や建設業を営む者に関する情報を登録し、又は蓄積し、これらの情報について当該サービスを利用する者の利用に供するものをいう。
2　この告示において「建設技能者」とは、工事現場における建設工事の施工に従事する者のうち当該建設工事を適正に実施するために必要な技能を有する者であって、建設キャリアアップシステムに登録された者をいう。
3　この告示において「能力評価」とは、建設キャリアアップシステムに登録され、又は蓄積される情報を用いて、次条の規定により国土交通大臣の認定を受けた能力評価基準に基づき建設技能者の技能や経験を評価することをいう。

（能力評価基準の認定）

第三条　能力評価を実施しようとする者は、次の各号に掲げる事項を定めた能力評価に関する基準（以下「能力評価基準」という。）を策定し、国土交通大臣の認定を受けることができる。
一　能力評価基準を策定する目的
二　能力評価の対象とする職種
三　能力評価の段階
四　前号の段階に達しているかどうかを判断するための基準
五　その他建設技能者の技能や経験を評価するために必要な事項
2　国土交通大臣は、前項の認定の申請があった場合において、当該申請に係る能力評価基準が次の各号に掲げる基準に適合すると認めるときは、その認定をすることができる。
一　建設技能者の技能や経験を適切に評価することにより建設技能者の処遇の改善を目指すものであること。
二　能力評価の対象とする職種が特定されていること。
三　四段階の能力評価を実施するものであること。
四　前項第四号の基準について建設キャリアアップシステムに登録され、又は蓄積される情報を用いて適切に設定されていること。
五　その他建設技能者の技能や経験を評価するために必要な事項が定められていること。
3　国土交通大臣は、前項の認定をしたときは、遅滞なく、当該認定に係る能力評価基準を公表するものとする。
4　第二項の認定を受けた者は、当該認定に係る能力評価基準を変更しようとするときは、国土交通大臣の認定を受けなければならない。
5　第二項及び第三項の規定は、前項の認定について準用する。
（能力評価実施規程の届出）
第四条　前条の認定を受けて能力評価を実施しようとする者（以下「能力評価実施機関」という。）は、次に掲げる事項を定めた能力評価の実施方法等に関する規程（以下「能力評価実施規程」という。）を策定し、能力評価を実施する前に、国土交通大臣に届け出なければならない。これを変更しようとするときも、同様とする。

一　能力評価の申請に関する事項
二　能力評価の実施に関する事項
三　能力評価の結果の通知に関する事項
四　その他能力評価を実施するために必要な事項

（能力評価の実施）
第五条　能力評価実施機関は、能力評価基準及び能力評価実施規程に基づき、能力評価を実施するものとする。

（報告の徴収）
第六条　国土交通大臣は、能力評価の適正な実施を確保するため必要があると認めるときは、能力評価実施機関に対し、必要な報告を求めることができる。

（認定の取消し等）
第七条　国土交通大臣は、能力評価実施機関がこの告示の規定に違反して能力評価を実施していると認めるときは、当該能力評価実施機関に対し、必要な措置をとるべきことを命ずることができる。
2　国土交通大臣は、能力評価実施機関が次の各号のいずれかに該当するときは、第三条の認定を取り消すことができる。
一　前項の規定による命令に違反したとき。
二　前条の規定による報告を求められて、報告をせず、又は虚偽の報告をしたとき。
三　不正の手段により第三条の認定を受けたとき。

**附　則**

この告示は、平成三十一年四月一日から施行する。

## 3 櫻田義孝衆議院議員の国会質疑（第208回　衆議院 国土交通委員会　令和4年3月23日）

○櫻田委員　おはようございます。衆議院議員の櫻田義孝でございます。

本日は、質問の機会をいただきまして、ありがとうございます。

質問に入る前に、まずは、先週、三月十六日夜に発生いたしました、東北地方を中心とする震度六強の地震により犠牲になられた皆様へ、心から哀悼の誠をささげたいと思います。現在でも困難な状況にあり、被災地の皆様へ、我々も一致結束して、全力で御支援をさせていただくことを一言申し上げたいと思います。

まさに、平成二十三年の東日本大震災、平成二十八年の熊本震災におきましても、地域の皆様が力を合わせて地域の復興に尽力をされてきました。その中でも、インフラや住宅などの再建に主導的な役割を果たしてこられたのは建設職人、現場で働く皆様のお力によることが極めて大であります。

私は、現在、衆議院議員として国政に従事をさせていただいておりますが、私は、元々は、私は国会議員の中で唯一、腕のいい大工職人であります。また、足場作業主任者としての資格を持つ根っからの職人であります。独立した若い頃は、現場で朝から晩まで働いておりました。こうした経験も踏まえ、今日は、建設職人の代表、全国三百五十万人の建設職人の一人として、仲間の声を代弁し、御質問させていただきたいと思います。

私が若い職人として現場に出ていた頃には、弁当と怪我は自分持ちといった風習がまだまだ色濃く残っておりました。さらには、中小零細の建設職人は、大手のゼネコンなどの圧倒的な優位な立場にある元請に対しては、ほとんど交渉力を持っておりませんでした。実際、現場で働く建設職人は、いつ彼らから仕事を切られても文句を言えないような極めて弱い立場にありました。

私は、個人的な経験としても、また、現場にいた人間であるからこそ、そのような弱者である建設職人の立場を他の国会議員の皆様よりは、誰よりも理解していると自負しております。まさに私は、こうした問題意識から、五年前の平成二十八年末に超党派で建設職人基本法を議員立法で作ることができました。危険な現場での死亡事故などを撲滅し、現場の皆様の処遇を少しでも改善していきたい、官民格差の是正を果たしていきたいということが私の悲願であります。

前置きが多少長くなりましたが……（発言する者あり）はい、ありがとうございます。本日は国交委員会ということで、特にこの法律に立って、運用上の焦点である建設キャリアアップシステム、いわゆるＣＣＵＳについてお伺いいたします。

登録業者、登録技術者の現状と、ＣＣＵＳを導入した趣旨は、建設技術者の処遇改善、若者の建設業への就職促進にあるとのことですが、その目的どおりに進んでいるでしょうか。よろしくお願いします。

**○長橋政府参考人**　御質問ありがとうございます。お答え申し上げます。

建設キャリアアップシステムの導入の目的は、先生も御指摘がありましたけれども、現場で働く建設技能者の資格、就業履歴を蓄積することで、建設技能者個人の技能と経験が客観的に評価されるようになり、それに応じた処遇がされること、また、そうした技能者を雇用し育成する企業が伸びていけるような建設業を目指すことです。

現在、導入して三年になりますけれども、その普及状況につきましては、技能者登録数で約八十三万人、事業者の登録数で約十五万人事業者と、登録数は着実に推移しておりますが、今後は、登録促進の段階から現場利用の促進、さらに、先生も御指摘がありましたが、処遇改善等のメリットを実感していただけるような環境づくりへとつなげることが重要と考えてございます。

具体的な取組としましては、能力評価のレベル等を手当に反映するような企業独自の取組がございますが、それを水平展開することですとか、あるいは、技能者の地位や能力に応じた労務費の見積りの提出とその尊重を要請するとともに、建設業の退職金制度との連携によって、ＣＣＵＳで蓄積された就業履歴の情報が退職金の掛金に効率的に利用できる環境整備などを進めてございます。

建設キャリアアップの活用によりまして、委員御指摘の建設技能者の処遇改善、若者の建設業への就業促進につなげていけるよう、引き続き業界団体と一丸になって取り組んでまいりたいと考えてございます。

○櫻田委員　ＣＣＵＳでは、基準に基づき、個々の職人を一律に四段階に格付し、賃金の目安が示されておりま す。建設労働市場の賃金水準は、あくまでも民間の市場が決めるべきであり、国交省は大まかなガイドラインを示す程度の関与にとどめることが望ましいと考えておりますが、いかがでしょうか。

○長橋政府参考人　お答え申し上げます。

建設キャリアアップシステムにおきましては、職種ごとに、業界団体によって設定された能力評価基準により、技能者の経験年数や資格に応じた能力評価が実施されております。

国土交通省は能力評価基準の認定手続を担っているということで、私どもとしては、委員御指摘のような大きなガイドラインといいますか、枠組みを示しているという認識でございまして、あくまでも、各職種における能力評価基準の策定あるいはそれに基づく能力評価の実施は、現在、三十五の専門工事業団体において、各業界の実情を踏まえて行われるものでございます。賃金レベルにつきましても、七職種、十の団体の専門工事業団体によって、独自な作成、公表がされているところでございます。

そうしたように、現在、能力評価制度につきましては、委員も御指摘のように、利用が進む中で、制度の在り方そのものに様々な御意見がございますので、私どもとしては、様々な機会を捉えて、業界関係者の事情や御意見を丁寧に伺いながら、それが適正に評価に反映されるような制度づくりに努めていきたいと考えております。

○櫻田委員　今後、ＣＣＵＳを進めるに当たっては、国交省だけで決めるのではなくて、国会のチェック、コントロールの下に置くべきと考えますが、いかがでしょうか。

○長橋政府参考人　建設キャリアアップシステムの運営に当たりましては、現在、関係業界も、建設業関係だけではなくて、例えば発注者側の団体ですとか、あるいは行政側も、国交省だけでなく関係省庁、あるいは地方公共団体を含めた地方団体等を構成員としまして、官民一体となって連携して普及を進めるような体制を構築しているところでございますし、そうしたシステムの普及を進める中で、関係者から様々な御意見、御要望があるものと承知しております。

今、委員御指摘のありました国会のチェック、コントロールという意味では、国会の先生方からもいろいろな御意見をいただいているところでございますし、この委員会の審議はもとより、委員が会長とかあるいは幹事長をされているような関係業界の議連の場などでも、このCCUSについて御意見、あるいは実情の御指摘をいただいているところでございます。

私どもとしては、引き続き、これらを丁寧に伺った上で、それを踏まえて業界団体と議論し、制度の在り方に反映することを通じて、建設キャリアアップの本来の目的である技能者の処遇改善につながるよう努めてまいりたいと考えてございます。御指導よろしくお願いいたします。

**○櫻田委員**　御説明ありがとうございます。

現在でも、私が幹事長として超党派建設職人基本法フォローアップ会議を主催しておりますので、更に詳細については、この超党派議連の会議においても議論をさせていただければと思っております。

## 4 令和4年度安全見える化大会（令和4年10月19日開催）での最後の発言（抄）

○日本建設職人社会振興連盟　会長　小野辰雄

皆さんに久しぶりにお会いできて、とっても嬉しいです。先生方、きょうは誠にありがとうございます。ここへおいでになっていただいている先生方は建設職人基本法を作っていただいて、その基本法の成り行きを、成育を図って、推進していただけるフォローアップの、超党派の先生方です。本当にありがとうございます。なかなかこういう時間もコロナのおかげで3年ぶりですけど、こうしてまたみんな元気で盛大に集まってくれてありがとう。本当、先生方、まだ捨てたもんじゃないです。阿部先生もありがとうございます。いや、きょう、数少ないですよ。北海道から沖縄までたくさん若手、職人であり、親方であり、経営者の人がほとんど来てんですよ。まだまだ日本の建設業、大丈夫ですよ、先生方。本当、みんなバリバリですよ。20歳代、30、40代、ほとんど50以下ですよ。まだまだ、この顔ぶれ、今、みんなも、勢いのある先生方に印象付けてください。私たちの建設職人基本法を生かしてもらえる先生方ですから。ありがとうございます。

それで、きょう、私も言いたいことがたくさんあるんですけど、かいつまんでというか、これから私たちの時代を迎えます。それは何かと言いますと、手すり先行工法、義務化にはまだちょっとならないんだけれど、今回はね、それでも関係者なんかの指導が厳しく入ってきまして、かなり推進されると思います。これが一つ。

それから、最も皆さんに日々の生活に関係あること。「点検なくして安全なし」、足場の安全点検ですよ。足場の安全点検ほど大事なことはないんですよ。むしろ、手すり先行工法より大事なんですよ。なぜか。とにかく、毎年、今、落っこちて、墜落で死んでる人はもう１８０名、去年だって増えてんですよ。１８０名の人が墜落だけで死んでるんですよ。墜落以外も含めると３８０名ですけどね。ということは、建設業で死亡者の半分は墜落ですから。墜落といったら何かといったら、足場が起因しているんですよ、一番。足場ですよ。大変ですよ。

180名死んだんだけど。それで、怪我をしている人は何人かといったら、それは50倍なんですよ、50倍。約8千人の人が毎年落っこってるんですよ。毎日、毎日20人以上の人が落っこって、それで、2日に一人は死んでるわけですよ。墜落だけでですよ。これをなくすには何かといったら、点検なんですよ。足場をまず掛けるところ。せっかく掛けた足場から落っこっちゃうと。足場の欠陥があるわけですよ。組み方を間違ったり、途中、組みばらしがありますから。点検ほど大事なものはないんですよ。だから、「点検なくして安全なし」、「点検に勝る安全なし」と、こういうことなんですよ。事故が起きたら、経済もへちまもないんですよ。金勘定なんかできないんですよ、事故起きたら。事故を起こさないためには点検なんです。しかし、点検ほどいやらしい仕事ないんですよ。点検やったからって金くれる人誰もいないんですよ。今まで、組合、私たちは11万件の点検をやってきました。点検やった現場から一人も死亡者出してないですよ。これ、20年間。点検やってない現場からだけですよ、落っこってるの。例えば、スカイツリーやりました。一人も怪我人も死亡者もいなかったよ、スカイツリーの場合。あのままほっといたら、10人以上亡くなってんですよ。一人も死亡者も怪我人もいなかった。これ、400回の点検をやってますよ、あの現場。それぐらいでかい現場じゃないですよ。しかし、高いですからね、足場もね。足場も50回ぐらい確認してますからね。

（中略）

それから、CCUS、建設職人にランク付けをして、A、B、C、Dでランク付けをして色分けをしているんだと。処遇改善のためなんだと、担い手確保のためなんだという、崇高な目的なんですよ。目的は私たちも賛成なんだけど、処遇も良くはしてもらいたいんだけれど、その前に点数付けられて、色分けされるなんて、差別における、私たちはものすごい地団駄を踏んで悔しいですよ。私、点数付けられて、色分けされる立場ですよ。先生方、分かってください、本当に。色分けする人は現場で働かない人は同じ、例えば、発注者であれ、元請の人たちはみんな、色分けされないんですよ。みんな、色分けした人たちを使う人なんですよ。我々、使われる人だ。だから、二つの立場で分かれる、同じ建設業界の中でも。それを請け負っているのは私たちなんで、そういう苦しい胸の内をよく先生方分かっていただきたいんですよ。「きけ、わだつみのこえ」っていうのは、本当に地の底から湧いてくるんですよ。しかしながら、それ、正攻法で反対意見を、異論を言えないという立場なんですよ。ここが難しいところで、私たちの協同組合としても、連盟としても、機関決定ができないんですよ。機関決定をもししたら、団体が反対ということになりますから。ひそかに私たちは個人の立場で今、正攻法で意見を申し上げているんですよ、胸の内をですね。だから、機関決定はなかなかできないというのは、機関決定したら、反対の人は、本当、明日から用ないって言われちゃいますから。そういう、今は状態なんですよね。ですから、ぜひこの届かない声の声、350万人、建設業界500万人のうち350万人の現場の人たちは、その人たちは口がないですよ。言えないですよ。そういうことをぜひ先生方はご理解いただきたいと思います。

しかしながら、私たちは、というか、この若さで、私たちの使命をちゃんと分かってます。私たちは足場を、一番危険な足場業種を責任もって、今後とも、日本の発展のために頑張りますんで、先生方、よろしくご指導のほどお願い申し上げます。

## 小野辰雄の発言を受けての国会議員挨拶(抄)

○衆議院議員　長島昭久様（自由民主党）

衆議院議員の長島昭久です。本当にきょうは大変ご苦労さまでございます。私も先ほど、小野会長の魂を込めたご挨拶を伺って、本当に感銘を受けた次第でございます。昨年度、衆議院選挙におきまして、大変なご尽力賜りました。本当にありがとうございました。先ほど、決議文が読み上げられたわけでございますが、もちろん皆さま方の職場の安全、安心を確保するために次世代型の足場も含めて、我々フォローアップ議連で、もうしっかり詰めてまいりたいとこのように思いますが、やっぱりここへ上げていただいたんで、一言だけ申し上げたいと思いますが、皆さんの職場の安心、安全を確保すると同時に、働いておられる職人の皆さんが誇りを持って、やりがいを感じてお仕事に励むことができる、そのためにはやっぱり先ほど、最後に小野会長が触れられた建設キャリアアップシステム、これが今のようなアイデアのまま、国交省がある意味で皆さんをランク付けするような形で、そういう法整備がなされるということはなんとしても阻止しなければならないというふうに思っています。本当に法の下の平等、まさに、職業選択の自由に関わる重大な疑義があると、そのように感じております。きょう、櫻田、議連の幹事長、それから、新藤先生を始め、超党派の皆さん、これからシンポジウムをされるというふうに思いますけど、みんな、同じ思いでいっぱいでございます。どうぞ皆さんの職場、皆さんが誇りを持って、誰かにあれこれ指図される、ランク付けされる、差別される、そして、格差を生み出す、そして、皆さん、職人の間に分断を生むような、そんな法制度を作ることがないように、しっかり私ども頑張ってまいりますので、どうぞよろしくお願いします。頑張りましょう。

**○衆議院議員　佐藤英道様**（公明党）

ご紹介をいただきました、公明党の衆議院議員の佐藤英道でございます。私も皆さんと同じように小野会長のお話、もう本当に感動というか、本当に涙が出るような思いで聞かせていただきました。また、やはり皆さま方の運動というものが、非常にやはり熱気にあふれ、本当にもう揺るがすような、やっぱり情熱にあふれるっていうのは、先ほどお話されていた、確かにそうだなと思いました。純粋だからというお話、私もそのとおりだなと思っております。きょうはシンポジウムにも参加させていただきます。ご盛会おめでとうございました。

**○衆議院議員　泉健太様**（立憲民主党）

いや、久しぶりにコロナでなかなか見られなかった、この黒い集団が帰ってまいりました。この法被の皆さまの勢い、燃え上がる炎のこの法被、私も地元に置かせていただいておりますので、きょうは着てはおりませんけれども、あらためて小野会長を始めとして、皆さまがこうしてお集まりいただいたことに心から敬意を表して、そして、我々も本当にいろいろな経緯で、皆、それぞれが国会の中で質問をさせていただいたり、国交省と交渉したりしながら、一歩一歩皆さまの思いを実現するために取り組みをさせていただいております。やっぱり安全、そして、それを我々だけのものではなく、全国のものにしていくためにまだ取り組みが足らないと思っております。

## 5 令和4年度安全見える化大会（令和4年10月19日開催）での2022〝安全見える化〟シンポジウム（第2部）

「建設職人の安全及び人格・地位向上のための今後の課題」

○福島伸享議員（無所属［有志の会］／衆議院議員）

ＣＣＵＳには二つ問題があると思っておりまして、その1点目は法的な根拠がないこと。2点目は本当にこれが職人の地位向上につながるのかっていう2点で問題があると思っております。国っていうのは、実は政府ではありませんで、国土交通省と厚生労働省っていうお役所は政府です。日本は三権分立ですから、国っていうのは三つの権力があるわけですね。行政、立法、そして、司法。我々国会議員は立法府の一つの国の権力です。行政がイコール国じゃないんですね。だから、国葬問題がもめたのも、総理大臣が決めても、それは内閣の長ですから国会の立法とは関係ないので、何であなたが国を代表するんですかって話になって、様々な問題が生じるわけですね。我々、その立法府の人間の役割というのは、先ほど櫻田先生の講演もありましたけれども、我々は皆さま方と接する中でその思いを受け止めて、私たちがルールを作るから国権の最高機関であって、そこでできたルールはお上のものじゃなくて、皆さま方のものだっていうのが法治主義の国の基本的な成り立ちなんだと思います。そうした観点から見ると、ＣＣＵＳのような職人一人ひとりの様々な技術もあり、誇りもあり、そうしたものを法律に基づかないでお役所がランク付けるっていうのは、私としても非常に違和感がある制度であって、やるならきちんと堂々と立法府で、国会議員たちで議論をしてから入れろというのが私の一つの考え方であります。

なぜそう言うかというと、果たして、これ本当に効果があるのか。私もかつて官僚、役所にいたんですけれども、役人は現場を知りません。確かにきれいな絵を描くと仕組みにはなっているんですけれども、実際にはそうならないってことがあるわけですね。職人さんにランクを付けて、それに応じた単価ができて、いいランクの人はいい給料がもらえますよってなったとするとどうなるかっていうと、これ、もうけを出したい元請さんから考えれば、ランクの高い人いっぱい使いますよって見積もりを出して、ランクの低い人を集めれば、その分利益が生まれるわけですね。そうなるとどうなるかって言うと、ランクが高い人は、逆に仕事がなかなか来ない。ランクの低い人ばかりが使われて、結局元請ばかりがもうかるって仕組みになりかねないわけでありまして、自分で商売やったことがない、現場を知らない官僚組織がルールを作るとこういう仕組みになっちゃうんです。だから、きちんと立法府の場で、現場の意見を踏まえた私たちが議論しなければならないということを私が常々申し上げているわけです。

そもそも小野会長始めとする皆さま方のご尽力によって、超党派で建設職人基本法ができたからこそ、このような運動になっていると思います。そしてこれ大事なのは超党派なんですね。今、国会で与党と野党は統一教会の問題とかでガチャガチャやっていますけれども、建設職人のことに関しては、全ての政党が一致して皆さま方のために働こうと。我々は法律をつくる立場でありますから、先ほどの手すり先行足場を義務化するという、これも立法府の仕事であります。CCUSの話も本来は立法府でするべきことを勝手に行政府がやっているという問題でありますから、この議連のみんなで議論しながら、これから詰めていければというふうに思っております。以上であります。

**○青木愛議員**（立憲民主党／参議院議員）

では、私からもこのCCUSの問題について、現状を踏まえて述べさせていただきたいと思います。建設キャリアアップシステム、略称、CCUSですけれども、国土交通省が肝いりで始めたシステムであります。2019年に運用が開始されたものの、登録者数は当初見込んでいた数を大きく下回っております。初年度で登録数100万人を見込んでいたんですけれど、運用開始から1年が経過をしました、2020年の3月末の時点で、登録数は22万人ということでございました。そのために、2020年10月に運用の見直しと、それから、利用料金の大幅な値上げが行われました。資本金によって、額は異なります事業者登録料はなんと2倍になりました。6千円から240万円という幅がございます。また、管理者IT利用料は年間2400円から年間1万1400円に値上がったと聞いております。また、現場利用料はカード1タッチ当たり、3円から10円にこれも値上がったということであります。こうした状況において、2023年度から、国と自治体の公共工事に加えて、民間工事でもこのCCUSを適用する方針を決定をしております。

私はこの制度の導入については反対であります。国が職人をランク付けをするということが、本当に職人の地位向上につながることになるのか。先ほど福島先生からもお話がございましたけれど、逆に、ランク付けによりまして、身分上、不当な扱いを受けないか、断言できるのか等の疑問を抱いております。これは小野会長がおっしゃるとおり、人権の問題だと考えております。

先だって、現場の方からお話をうかがう機会がありました。サブコンから毎週のように電話がかかってくると。登録しないと仕事を回さない、脅しのような電話がかかってくるという話を聞きました。国家資格1級は会社で取らせている、それにキャリアに応じて、年齢も関係なく会社で評価をして働いていただいている。こういう長年の会社とこの職人のこうした信頼関係に、私は国、国土交通省、行政が土足で割って入ってくるような、そんな状況ではないかというふうに、あらためて思ったところでもございます。

そして、この導入、あるいは、導入を検討している建設業者からは、もうとにかくコストが想像以上にかかるということと、思っているより手間がかかるという批判が、今、強く寄せられていることと思います。そして、この高額の登録料と使用料、システムを運用する一般社団法人建設業振興基金、これを維持するために使われるのではないか、そうした声も私のもとにも聞こえてまいります。ぜひとも建設技能者の立場に立って、このCCUS問題、再検討するべきだっていうことをこれからも強く訴えてまいりたいと、そういうふうに考えております。ありがとうございます。

**○石井苗子議員**（日本維新の会／参議院議員）

一言だけ。シーキャス（ＣＣＵＳ）っていうんですけれども、コントラクションキャリアアップシステムなんていう英語はございませんので、本当に建設職人の方々を４段階に分けて、大雑把に４つに分けるというようなことで、私はメリットはないと思っておりまして、先ほどからしつこいように言っておりますけど、人の命を預かるときの責任の分担というのは病院だとすごく細かく分けております。メリットが分からないシステムをつくるというのは、現場の方が、これはマイナスにしか働きませんので、そういった意味でしっかりと議論をしていっていただきたいと思います。どうぞお騒がせいたしました。

**○新藤義孝議員**（自由民主党／衆議院議員）

（前略）

制度を作るだけじゃなくて、そこに魂を入れる。実効性を上げるってのは、結局、様々なそういう工夫をやんなきゃならないんです。ですから、ＣＣＵＳも、これは、今、会長が心配しているのは、また、皆さんが言っているような、そういう制度であってはならないんですよ。しかし、一方で若い人たちに資格を持ってもらって、その資格があることによって、賃金が確実に上昇していく。こういう仕組みに使えるならば、これは悪い話とは言えないよ。ただ、長年やっている人を、国が勝手に、しかも、グレードを決めるなんてもってのほかだよ。だけど、そこはもう間違いなく、私は皆さんに申し上げられるけれども、皆さんの声を聞く私たち、役所と調整しましたよ、これは、国はそういう制度は決めるけど、運用は各業界ごとにやってくださいと。ですから、足場の皆さんは足場の皆さんでそういうことをどうしようかって考えてくださいというところまで来ました。でも、制度はもうできてますから、これをいかに納得できるものにするかということも必要だと思います。駄目なんだからどうしようもないじゃない。それだけ言っても、まったくその気持ちが伝わってないような作業だったら、そういった制度だったら、これはまた声を上げなきゃなんないよ。だけれど、やっぱり皆さんが声を出していただくことによって、やっぱりこれをためになる制度にもできなくはないんです。待遇改善をして、安全を維持する職場になって、そして、将来を保証できる、家族の皆さんが心配せずに、また、自分も怪我で途中で仕事ができなくなっちゃった、そういう状態がなくなる、そういう現場ならば、これは未来に希望を持って、入ってくる人も増やさなきゃなんないわけですよ。そのために私たちもしっかりと作業をやっていきたいと。

これは皆さんの声をどんどん上げてください。我々は政治の場で、いかにそれを現実の仕事として皆さんにお返しできるか、それをやっていかなきゃ駄目だと思います。きょう、みんなの前でこうやってシンポジウムをやって、私たちの超党派の思い、聞いていただきましたけれども、ぜひこれはやっぱり活動をしていかなきゃならない。声を上げて、確実にそれが制度の中で一つひとつ埋め込められるように、これから頑張っていきたいと思いますから、皆さんで力を合わせていきたいと思います。よろしくお願いいたします。

# 6 第14回建設職人基本法超党派国会議員フォローアップ推進会議　会議録

令和3年12月6日（月）16：00～17：11
参議院議員会館　1階特別会議室
作成者：衆議院議員櫻田義孝事務所

## 1．幹事長挨拶

○櫻田義孝幹事長（自由民主党／衆議院議員）

ただいまから第14回建設職人基本法超党派国会議員フォローアップ推進会議を開始します。まず、私のほうから挨拶させていただきたいと思います。本日、14回目のフォローアップ推進会議を開催させていただいたところ、多くの国会議員の先生、関係省庁の皆様、団体代表の方々にご参集いただきありがとうございます。

本日は前回9月8日の第13回会議で決定いたしました決議事項について、その後の政府側の検討状況について中間報告をいただくこと。2番目にその際、決定いたしました「職人基本計画見直しに関するアンケート調査」の結果報告と、それに基づいて当会議としてCCUS（建設キャリアアップシステム）について、どう考えるかの議論をいただくことが主要テーマであります。

いずれにいたしましても、建設職人基本法に基づき基本計画の見直し検討期間を計画策定後5年と定められており、その期限が来年6月に到来します。当会議としては、その見直しに向け、議員立法を誕生させた政治の力により、職人の皆様のために実りのある成果を生み出してまいりたいと思いますので、皆様のご理解とご熱心な質疑応答をお願いいいたします。

## 3．各党代表からのご挨拶（抄）

〇二階俊博議長（自由民主党／衆議院議員）

出席が遅くなり大変申し訳ありません。議員立法で成立しました建設職人基本法、建設現場での安全対策や処遇改善に繋がってきたのは事実であります。しかし、まだまだ建設現場での死亡事故の根絶という我々の当初の目的、あるいは格差是正の点についても、まだまだ道半ばであるという声をよく聞くわけであります。今回、議員立法からご承知のとおり、5年が経過し、法律で定める見直しの時期に来ております。このチャンスをどう活かすか、ぜひ皆さんにおかれましては、法律の見直しも含めて、現場の皆様のためになる活発なご議論をお願いしたいということを期待しておりますが、一層のご努力をお願いしてご挨拶に代えさせていただきます。きょうはどうもありがとうございます。

## 4．前回の決議事項に関する政府側の回答（中間報告）とそれに対する討議（抄）

〇長島昭久幹事（自由民主党／衆議院議員）

はい、ご苦労さまです。小野理事長には平素からお世話になっております。ありがとうございます。

フォローアップをこれからやっていく上で一つご提案申し上げたいのは、議論があったと思いますが建設技能者の能力評価制度、それ本当に適切かどうかということですね。これを法律で定めるという話を国土交通省の告示で国が関与するということで、職人さんの皆さんのランク付けをする。しかもカードを作って場合によってはその現場に入れない職人さんがいらっしゃる。これ本当に法の下の平等に反するし、職業選択の自由にも反するし、こういったこと、本当にそれでいいのか私は常々疑問に思っておりました。ぜひ、フォローアップの中でこの問題をしっかり取り上げていただいて、できれば廃止していただいて、本当に職人の皆さんが、気持ちよく能力を発揮できる、そういう環境をみんなで作っていきたいということを、まずご提案申し上げたいと思います。よろしくお願いいたします。

**〇逢坂誠二議長代理**（立憲民主党／衆議院議員）

立憲民主党の逢坂誠二です。小野理事長を始め皆さんにお世話になっており、心からお礼を申し上げたいと思います。また、いつでしたか、憲政記念館でやった集会のときに実際に足場を組んで、実際に私も上がらせていただき「なるほどな」ということをたくさん学ばせていただき、本当にありがたく思っております。

今日しゃべることは一点だけです。ＣＣＵＳ、これについては多分多くの先生方もおっしゃられていると思いますが、国会議員もほとんど知らない中でああいうことが進んできたのではないかというふうに思っておりますので、国会の中でもあれについてはもうちょっと話を聞いて、手直しをするなら手直しをするようなことをしなければいけないと思っております。そういったことをしっかり取り組んでもらいたいと思います。

私も大変恐縮ですが4時半から会議がありまして、一言だけで失礼させていただきますけれども、これからもしっかりと力を尽くして参りますのでよろしくお願いいたします。ありがとうございます。

**〇二階議長**

やっぱり、何を言われているのかということをよく考えてさ、ただ、国会で質問されていることに対してその都度同意するっていうだけではなくて、こういうところでは皆政策をもっと前に進んでいこうという真剣な気持ちでもって集まってきているのだからね。これに対して、やっぱりただ単にこの場しのぎの答弁をしていたら済むという問題ではないよ。ね、本当は困らせるようで悪いけれども、本来ならば、私が議長ならばもう一回答弁しろというところです。ここから先はどうされるか存じませんが、いい加減な会合へ今日は出させてもらったなという思いを持って議員が帰るか、今日は非常に中身がある議論であったと思って帰るかだよ。

ちょっと本気で、今までも本気だったろうけども真剣な答弁をやってみたらどうだ。

## 6. CCUS否定問題等についての討議

○【国交省】 大澤一夫不動産・建設経済局官房審議官

官房審議官の大澤です。お答えしたいと思います。このCCUSのレベル分けというのは、基本的には能力評価のそれぞれ実施団体が49団体ございまして、それぞれの業種や業態によりまして、どういう形にしたらいいのかを、各団体の中で決めていただくようなことでございます。

また、ステップアップのレベルは、大まかに4つの段階に分かれておりますけれども、これは処遇の改善を図っていくためのもので、そういった形で進めてございます。

それぞれのいろんな業種に細かく建設業が分かれております。そういった中で、その技能というのがやっぱり違っておりますので、その中にふさわしい形で決めていただくというような形をとっております。

○石井苗子事務局次長（日本維新の会／参議院議員）

ランキングを決めるときに何か会員になるとかお金を払うとか、そういうのは必要なのですか。

○【国交省】 大澤官房審議官

このCCUSに登録する際に、その登録料というのをお支払いいただく、そういう仕組みでございます。

○石井事務局次長

登録料で組織を運営していくことで理解していいですか。

○【国交省】 大澤官房審議官

そうです。

○櫻田幹事長

そのランキングということについてはやはり個人の、それぞれの能力というものを官庁が、公の公務員が一人一人のことを、個人情報に関わるようなことを、決めつけるのは問題である。やはり、これは腕がいいとか悪いとか、それは市場が決めることであって、官庁が決めるべきではないという意見が多く出されているということだけはご報告させていただきたいと思います。

○新藤義孝顧問（自由民主党／衆議院議員）　今のところは重要な、そういうことだと思うのですが、ここのＣＣＵＳの、制度化されていますけど、これから超党派の議連で煮詰めようと、政府側のときはどういう議論があったのかという原点に基づき、元々私たちの基本法に基づいて進めていったはずが、この制度は法改正ではなくて、政府として、役所の方が作った。そのときにこのフォローアップ会議との十分な連携があったのかということをここはちょっと事務方に確認したいのだけれど。

○【国交省】　大澤官房審議官　ＣＣＵＳにつきましては、これまでも業界団体と話し合いの中で進めてきたものでございますけれども処遇改善という点では、あの品確法に基づいておりまして、その中で基本方針を閣議決定することになっています。品確法の中の処遇改善を進めるということで基本方針の中に、キャリアアップシステムを構築して、これを推進するというような位置づけをこれまではしてきたものでございます。

○新藤顧問　すみません。ですから、今の話は業界団体との話し合いはやった。品確法の議論の中で検討した。だけれど私が言っているのは、このＣＣＵＳの制度、こういうような形でランク付けるとか、またどのようにしてその方たちを評価することに関して、この議連との議論をどのぐらいやったのか、ちょっとお願いします。

○【国交省】　大澤官房審議官　前回の基本計画の閣議決定をしましたけれども、その中にもキャリアアップシステムの推進というのは位置づけてございまして、先生方にも見ていただいたうえで進めてございます。

○新藤顧問　いや、だから、位置づけとしてはそうなっているが、議論の実態としてどのぐらいあったのかというと、だってここにもアンケートの中にも国会での審議を経たうえで、法整備、法制度を整備してくれとかなっているということは、少なくとも、キャリアアップ、このようなシステムを基本計画で作りたいと説明があったかもしれないが、具体的な制度設計についても、その詳細な議論というのは、ゼロとは言わないが、まだそこは議論の余地があるのではないかなと思うのだけれど、そこは確認したい。

○【国交省】 大澤官房審議官

そこは先生のご指摘どおりという部分もございます。まだ実はこのキャリアアップシステム自体、先ほど申し上げましたようにルールとしてどんなふうに評価していくとか、いろんなことがございまして、今、まさにシステムを作って、登録者数も70万人というふうになっておりましてですね、今後まだ進めていくっていう、少しそういったプロセスの段階でもございますので、そういった意味で、今後とも先生のご指導をいただきながら進めていきたいという考えでございます。

○新藤顧問

それは確認しますけど、その70万人が登録ということは、母数としては350万ですか、490万ですか、それだけのたくさんの方々がいる中で、まだ登録がその程度なのか。それから何よりも大切なことは、このアンケートから見えるのは、この制度の趣旨が伝わっていなくて、逆に、それが不具合を生じていたり、非常にあの人気が高くないよね。ですからやっぱり現場の対象の方々に受け入れやすい制度にしないと、せっかくそれは処遇改善に繋がるっていうことを考えたにしても、それが実際の現場でそんなになってないのだったならば、ここは改善しなきゃならないし、「廃止せよ」なんて半分以上になっちゃうのは非常に問題だ。だから何よりもここできちっと議論をして、やっぱり実効性あるもの、それからより皆さんに分かっていただけるような制度にきちっと作り上げていく、その議論が必要じゃないかなと私は思います。

○赤羽一嘉議長代行（公明党／衆議院議員）

ちょっといいですか。すみません。（国土交通）大臣もやっていたので無関係な顔をしていられないので。要するに、ちょっとですね私思うのですが、まずこのアンケートの母数自体は2千数百名ということは労働者の中では極めて一部であって、私も本件については様々な団体から話を聞いていて、例えば一人親方の全建総連なんかは大賛成です。日建連も大賛成で、推進役なのだけれど、地方の中小の工務店なんか結構負担が、費用負担がかかるからっていうことで、なかなか進まないという部分があります。

この共通なのは、要するに建設労働者と現場で仕事している人たちが、なかなか技能を身につけても、そういう評価されないとか賃金の上昇に繋がらないから何とかしなければいけないということで、この品確法の法律の中で基本計画が定められ、そして閣議決定の中でこの建設キャリアアップシステム利用環境の充実向上に努める等ということが入っているわけでありますので。

私もこの議連に今日初めて参加したので、議連との議論がどうだったかっていうのはその詳らかじゃ当然ないのですが、業界だけで勝手にやったというふうな意識はないです。ただ、あまりうまくいってないのは事実なので、それも現場の皆さんから使いにくい現状とか、多分、せっかく育てた職人が、この制度が逆に利用されて引き抜きになったりとか、そういう懸念もあるということも事実だと思うので、そこについてはこの議連で全否定されちゃうと、なかなか立場上非常に座り心地が悪くて。

やっぱり片山さんが言われたように、今後もそういう現場の声を聞きながら、より良い、目的はキャリアアップシステムを作るということではなくて、建設現場の皆さんの労働環境の改善ということを目指すというふうに、皆さんの合意ができるようなところであるべきではないかなと思います。

**○新藤顧問**

あの前大臣として、それを適切に分析していただいたと思うのですが、問題は、これが処遇改善に繋がるはずのものがランク付けになってしまっていて、そのランクの付け方が、きちんと納得のいくような現場の実態を踏まえたものになっているかだとか、この制度を運用する上で、それが、この皆さんが実際の建設従事者の皆さんが受け入れやすい仕組みになっているかというところに改善の余地があると。ですから、そこはもっときちんと議論しないと、その上でその存続も含めた議論をやっていかなきゃならない。もう既に始まっているのですから、やっぱり現場の皆さんが納得できるような形にして、させていただかないと意味がないなということは今日ここで確認しなきゃいけない。

○赤羽議長代行

私もその点はまったく同感ですし、ましてや憲法に関わるようなことも懸念があるということは、そこはクリアしなくちゃいけない。それは国交省も、事務方もそういう認識でやっています。

○櫻田幹事長

この会議の大きな目的の一つで「官民格差の是正」があるのです。「官民格差の是正」ということも一つ大きなテーマだということをご理解いただきたいと思います。

やはり所得の向上と安全対策というのですが、官庁の仕事をやっている人は、事故というのはないのです。国の仕事やったり県の仕事やったり、市の仕事をやっている人はほとんどいない。事故のほとんどは民間なのです。民間の現場に事故がないようにするには、やはり所得の問題と安全対策費をちゃんとキープできるように入れて、入れるような見積もりの仕方が大事だということを私のほうからお話させていただきたい。以上です。

## 7. 総　括

○櫻田幹事長

新藤先生総括を一つ。

○新藤顧問

私も今、会議の中でまたこの資料を見る中で、今日総括すべきことは、大きく二つの点かなと思います。

まず第1はこの後、基本計画の修正を行うわけでございますが、その中で、要するに安全監理の経費をいかにこの民間の事業によっても、その上げさせるとか、公共事業においてはかなりの部分で、その反映できるようになったわけですが、やはり民業のその契約の自由の範囲の中で、この安全監理とか、それから様々な福利厚生も含めた、そういう経費をきちんと建設事業費の中に、工事事業費の中に入れることが重要だと思います。それが今の民間、官民の格差っていうので繋がると思います。それにつきましては、先ほど先生方からまた二階議長からご指導いただいてですね、この問題については何が問題なのか、その論点を明確にしつつ、どのように解決するか、これを次回のこのフォローアップ会議に報告してもらうと。それから、その他にも議論で私たちがきちんと行っていく、これを今日決めていただいたのではないかと思いますし、それを総括としたいと思います。

もう一つはですね、このCCUSの、このキャリアアップシステムについては、これはなかなかまだ理解を得られている状態ではない。ですから、どのようにすれば、この現場の建設従事者の皆さんに還元していただけるこの制度になるのか。また、そのためにはですね、どういう、どのようなこの評価の内容にすべきか、かつ大事なことは、制度が始まって評価を受ける。制度が始まる前に何十年も先に仕事している人がいるわけですよ。ですから、その人たちと同じスタートラインに立たせるのか。これからね、若手で始めようという人と研修してもらうのですよ。何十年も仕事しちゃって、ものすごい腕を持っている人を、同じ研修システムにのせるのか、私ここできちんと議論した方がいいと思うのです。あの政府も過渡期ですから。やはり、これまでの方々をどのように処遇するのかということも含めてですね、私も議論が必要ではないかなと思います。やはり、業界団体の話し合いも重要ですが、あの、人数で言うとね、これ圧倒的に多い方が、要するに親方とか建設事業者、作業者の皆さんです。そういう方々の声をきちんと受け止めないと、また、それも大手の建設事業者も含めて、建設業界全員が共有できるような仕組みにしていかなきゃいけない。これは我々の大きな課題だと思いますし、ここの問題を整理するのは政治しかないと思いますから、二階議長を中心にして、私たち各党、超党派の皆様がご参加いただいているのは、こういうときこそみんなで力を合わせて、しっかりとした組み直し、また改善をしてくれるのではないかと、それが今日の総括にさせていただければなと、このように思います。よろしくお願いします。

## 7 第15回建設職人基本法超党派国会議員フォローアップ推進会議　会議録

令和４年５月11日（水）16：00～17：22
衆議院第一議員会館　国際会議室
作成者：衆議院議員櫻田義孝事務所

### 1．幹事長挨拶

○櫻田義孝幹事長（自由民主党／衆議院議員）

会長がちょっと遅れるという連絡が入っておりますので、ただいまから始めたいと思いますので、一つよろしくどうぞお願いいします。

本日は15回目のフォローアップ推進会議を開催させていただいたところ、出席ということで始めたいと思います。本日は昨年９月８日の第13回会議で決定し、また12月６日の第14回会議を討議いたしました決議事項について、その後の政府側の検討状況について、説明をお願いしたいと思っております。いずれにいたしましても建設職人基本法に基づき、基本計画の見直し検討期間を、計画策定後５年と定められており、その期限が本年６月に到来いたします。当会議といたしましてはその見直しに向け、議員立法を誕生させた政治の力により、職人の皆様のために実りのある成果を見出してまいりたいと思います。今回が基本計画見直しに向けて最後の討議の機会としたいと思いますので、皆様のご理解と熱心な質疑応答をお願いしたいと思います。またあわせて、CCUS、建設キャリアアップシステム問題のその後の動きにつきましても、国土交通省からの報告をもとに対応を話し合いたいと思います。

なお、あらかじめ各団体の代表の方に申し上げたいと思います。各団体からのヒアリングに関しましては、各団体にご意見をお伺いいたしますが、どの団体からも資料の提出につきましては、会議時間の関係上、ご遠慮をいただいております。何卒ご理解を賜りたいと思っております。もし出席団体の中で資料配布や追加のご説明等をお求めの団体におかれましては、後日提出、ご説明をいただければと思っております。よろしくどうぞお願いいたします。

## 2．各党代表からのご挨拶（抄）

○二階俊博議長（自由民主党／衆議院議員）

大変ご苦労様でございます。それではご指名でございますので、一つご挨拶申し上げます。

平成28年末に国会議員が主体となって、議員立法で成立させていただきました建設職人基本法、これによりまして、建設現場での安全対策、また処遇改善に繋がってきたことは事実であります。しかしこれはまだまだ建設現場での死亡事故、根絶、あるいは官民格差の是正には道半ばであるという評価であります。今回、法律改正から5年が経過し、法律で定めたとおり、見直しの時期がいよいよ到来してまいりました。是非この際、関係の先生方におかれましては活発なご議論をいただいて、現場で働く職人のためになる、職人の皆さんがこの場に出席いただいていると同じように、新しい体制を作るために、皆さんのご協力を特にお願いを申し上げてご挨拶とします。ありがとうございました。

○【国交省】国土交通省　大澤一夫不動産・建設経済局官房審議官

キャリアアップシステムについてご説明申し上げます。3ページ目と4ページ目でございます。キャリアアップシステムにつきましてはご案内のとおり技能者の技能経験に応じた適切な処遇に繋げるということを実現するための仕組みとして立ち上げました。国としては、この制度の構築、確立あるいは収益について、しっかり役割を果たすということで進めてまいりました。今登録者数ですけれども、4ページにありますように80万人を超えて86万人に届こうかというところまで広がってまいりました。こうした中で、業界団体の皆様から様々な意見をいただいております。しっかりしたメリット付怪我ないじゃないか、職人が持つにメリットを感じられないというような声をいただいておりまして、我々としても様々なメリットを付けていけるようにしっかり検討を進めているところでございます。

また、能力評価の部分ですが、ここも国の仕組みとしては、この絵の中にあるようにレベルをステップアップしていく4つのレベルですけども、4つに分けてというようなことを示しているのですが、実際に現場の声を聞くと、4つじゃなくて8つにしてほしいとか様々な意見が聞こえてきております。今回こういった登録者数を増やしていくというフェーズに入ってまいりましたので、国としても制度を固く持つというよりは、むしろ専門工事団体の皆様のお考えで柔軟に進めていくと、評価の仕方とか基準とかそういうものも柔軟に対応する方針を変えていくというところでございまして、個別の評価につきまして国の関与というのは極力薄めていく。しっかり、国としては関与を薄める方向でしっかりと舵を切っていきたいと考えてございます。様々な問題点があろうかと思います。このシステムは、やはり各業界団体、あるいは職人の方々の実際の現場の声を取り入れて、国の役割としてどういうところをやってほしい、民間としてはこういうことをやっていくというようなことで、皆さんの総意で処遇改善にしっかり繋げるように進めてまいりたいと考えてございます。よろしくお願いします。以上でございます。

## 4．政府説明に対する質疑等

**○松原仁幹事長代理**（立憲民主党／衆議院議員）
今室井先生がお話いただいたところに、かなり尽きていると思う。様々な問題において、いわゆる下請に対する搾取は徹底されないように、それをチェックするとか、先ほどからおっしゃっていることもそれなりに意味があるし、足場をきっちり固めることも必要だろうと思います。残る部分としては、人間っていうのは生身を持っておりますので、この人間がそこに入ってきて「よし、頑張るぞ」というような意識を持つように、先ほど国土交通省の大澤さんからお話がありましたが、業界のおっしゃることによく耳を傾けて、そして、そういった声を通しながら、キャリアアップシステム等の構築をしていただければと思っております。例えば、そのキャリアアップシステムがあることによって、それがある種、未来型の熱量を持ったキャリアアップになるはずが、逆にそこに名前が入れないとか、資格を持てないとか、何かそういうことによって、逆にその労働する現場から疎外されてしまうということがあると、何のためのキャリアアップシステムになるかということになろうと思っておりますから、今言ったような全ての職人の方が、熟練した方も含めて阻害されないような、そういった環境を作っていただきたいと思っております。その点を考えたときには、今日この場に小野さんもおられますが、よく、大澤さんもそのへんの話を聞いていただいて、もう我々にこれをやったら間違いないというものを作っていただきたいと心からお願い申し上げます。以上です。

**○長島昭久幹事**（自由民主党／衆議院議員）

厚労省、国交省、いろいろご努力を建設職人の皆さんの安全、健康、それから処遇の向上、それを図るためにご努力いただいていることに敬意を示したいと思います。その上、先ほど二階先生が職人の皆さんがここに出席しているような議論をとこういうお話がございましたので、職人の皆さんの思いを代弁する形で二つ質問というか意見を申し上げたいと思います。

一つは安全に関してです。これについては先ほどから出ている足場の安全性に関係、関連して、その次世代足場と言われている足場の安全機材の開発というのをかなり進められていると伺っております。これは建設現場の中にムラがあってはいけないので、その開発をしたその次世代型の安全性が向上されるような足場等機材というものが広く、早く、現場に普及させていく必要があるだろうと思うのです。従って今日、経産省が来ていると思うんですが、そういった場合に助成ができるようにする仕組みを是非考えていただきたい、これが一点です。

それからもう一つは、常に議論になっていますが、キャリアアップシステムについてなんですけれども、先ほど国交省の説明では、国の関与を極力薄めると、これはもう散々ここで議論をしてきて、我々の議論、あるいは小野理事長はじめ皆さんの現場の皆さんの議論をかなり組み取ってのご発言だと思うんですが、あえて申し上げると、そもそも国が関与することに対する疑問が私としては拭えないわけです。多くの職人の皆さん方もそう思う。例えば製造業、ドイツのマイスター制度みたいに民間がこういう評価をする、それを公表する、こういうのはいくらでもやっていただいて結構なのですが、そもそも国がそのランク付けに関与するということ自体が法の下の平等とか、職業選択の自由、基本的人権に関わる論点が残ると思うのです。従って、そこは根本的に直す制度そのものを見直していただかないと、なかなかこのギャップを埋めることは難しいと思っていますので、さらなる再考を求めたいと思います。

**○上月良祐幹事**（自由民主党／参議院議員）

（前略）

国交省のキャリアアップシステムについては、現場では結構コストかかるんですよね。端末を入れたりするのに。きちんと効果が上がるように本当に運用ができるんですか。してもらわなきゃ困ります。やるのだったら。国が手を離していくっていうのが、責任だけ取らないことにならないようにしてほしいです。なので、余計な口出ししないのはいいんですけれども、きちんと成果が出るように運用を見守って、必要な場合はコントロールしなきゃいけないと思います。人事異動があるから、前に説明した人と今日説明した方と違うと思うのだけれど、責任の所在が分からなくなることが多いから。責任は国交省にある中で、運用は現場の方々が主導してやっていくことは明確にしていただきたいと思いますので、よろしくお願いいたします。

**○福島伸享幹事**（無所属［有志の会］／衆議院議員）

有志の会の福島伸享でございます。

数年前の議論に比べたら、こうして現場の皆さんと我々政治の現場の者とそして行政が、建設安全についてこれだけ意見を交わせる場ができたっていうのは、大きいと思っています。そして着実に前進を進められていると思っています。でも、それなぜかと言えば、これだけの超党派で建設職人基本法という法律を作って、我が国は法治国家でありますから、法律に基づいて計画を作ってもらって行政を動かすという仕組みができているからなんです。

一方、建設キャリアアップシステムについては、これ法律に基づかない告示で作られているものであります。先ほど国は関与を薄めるとおっしゃっていますが、例えばここ最近だと、経営事項審査の改正案というのが示されて、CCUSを導入する企業に加点をするとか、この建設キャリアアップシステムを導入することが前提となったり、それをしてないと弾かれたりといった仕事上の影響が、法律に基づかない仕組みによって高じるということは、私は政治に携わる身からすれば、法治の原則に反するんじゃないかと思うのです。よく役所は小さく産んで大きく育てるっていう言葉を使うんですけれども、法律に基づかない制度を最初に入れちゃって、その後、様々な制度のもとで、建設キャリアアップシステムを入れなければ市場から排除されるということになれば、それについて私は大変大きな問題であると思っておりますので、是非、その官民の役割分担とか、どういう法律に基づくものなのか、任意なのか、そのあたりをしっかり施策を根本的なところから整理することが必要ではないかなと、気づいてみたらもうこれがなければ、業界で生きていけないというようなことにならないような仕組みにすることを求めていきたいと思っております。

**○逢坂誠二議長代理**（立憲民主党／衆議院議員）

私からもCCUSについて何点かお話しします。これを決めるとき、国会議員の多くがほとんど知らなかった。世の中に出てからはこういう制度があったんだということになっているわけで、ここは一つ大きな問題だと思います。その結果、今何が起きているかっていうと、これに関連する団体の皆さんそれぞれで認識に差がある。ある団体はこれを積極的に活用したいと思っている。ある団体は「これはちょっとまずいぞ」というような状況になっている。この認識の違いを役所の皆さんもしっかり受け止めなきゃいけないと思います。

もう一つは職人さんの種別。種別によってもこれ受け止めが違っていると。ある職種においては「これはいいかな」と思っているけれど、ある職種においては「いやちょっとまずいな」って思っている人もいるわけ。

さらに地域によっても、これにしっかり取り組もうという機運のあるところもあれば、そうじゃないところもあるっていうので、いろんな意味でまだら模様になっています。関係団体とか関係組織、国会も含めてですけれども、十分なヒアリングとか、十分な議論が足りていなかったと思っています。国が関与を薄めることについてはある一定程度合理性はあるのかもしれないけれども、この仕組みを良いものにしていくという点において、関与を薄めて、あとは手を離しますということになってしまうと、中途半端なものになってしまうので、そこのところは確実に国もサポートしなきゃならないということは指摘をしておきます。

**〇阿部知子事務局次長**（立憲民主党／衆議院議員）

今日はありがとうございます。大変勉強になることがいっぱいです。

まず、私は厚生労働省にデータで教えていただきたいんですけど、一側足場における転落事故は一体どのくらいあるのかこれデータは示されておりませんので、私もこれは規則がないことは問題と思いますが、一体どのくらいの死亡事故に結びついているのか、分かれば次回にお願いをいたします。

あとは、同様に、実際に安全衛生経費、安全対策経費が現状どのくらい払われているのかの実際も分かれば教えていただきたいと思います。

3点目はCCUSですが、私は何と言ってもこれは国家資格にするのはおかしいと思います。業界というか、自分たちのギルドの中で高めあっていくというものであればありうる仕組みと思いますし、そして加えてちょっと気になる書きぶりは、3ページ目の技能者を雇用し育成する企業が伸びていけるって言う書き方は、これは職人さん自身の証明とか、ための制度で、企業が伸びていけるってしちゃうと本末転倒に伸びていくことは願いますけれども、スタートの時点は違う、掛け違うと、やはりグレード分けされて、分断が起こると、逆さになると思いますので、国土交通省にはちょっと認識が違うんじゃないかなという点を指摘させていただきます。3点よろしくお願いします。

**○【国交省】　大澤官房審議官**

それでは国交省からいくつか先生方から御指摘いただきましたので、まずキャリアアップシステムについて、ご答弁申し上げます。

まず国の関与につきまして、先ほどから何人かの先生に言われました。国として、その関与の度合いというものを極力なくしていくというような少し言いぶりをしてしまいましたが、そこはあくまで能力評価そのもの、あのレベルを判定するというところは、やはり実際に実務をやっていますと先ほどから先生に言われました業種別であるとか、都市と地方とか、それぞれの地域における技能者の状況は違っておりまして、そういった意味で一律に国がこうしなきゃならないということは、そもそもが難しいということもあって、専門団体の方々にいろいろ話し合って、即時、実態に応じて、それぞれの中でどういうふうにしていくのがいいのかを考えていただくのがいいのかなと我々考えておりまして、そういった現場の声を汲み上げながら、皆さんに使っていただくとしていったらいいと考えているという意味で申し上げました。そこでメリット付けはちゃんとしないといけないですとか、制度そのものをしっかりと国としてはこういう役割として果たしてほしいという部分というのは業界の中からもございます。そういったものを、しっかりと国としての役割、これをしっかり務めていくことに変わりはございません。そういった意味で官と民のベストミックスといいますか、どういうパートナーシップでやっていったらいいのかということを、現場の声を汲み上げながらしっかりと模索していくというような段階に入ってきたかなという認識のもとに、官民一体で普及をしていくということに力を尽くしたいと思います。

それから技能者を雇用し育成する企業の表現ぶりということで、そういう意味でここは書いているというよりは、むしろ技能者をしっかり雇用しない企業というのが中にはいらっしゃるというところを取り上げて書きたかったというところでございまして、できるだけ技能者の方々がしっかりと安心して働いていただけるような環境作りをしていきたいという思いで、表現をさせていただいておりまして、言葉足らずとなっておりまして申し訳ございません。私からは以上でございます。

○古屋圭司顧問（自由民主党／衆議院議員）

ちょっと提言なんですが、具体的にこれ10何回やっているでしょう。足場の話とか安全経費とか、これは別建てしてしっかり下請まで行く、この点についてはかなり議論しているんだけど、CCUSについてはあまりできてないような気がする。そこで、この問題は、相当いろいろちょっと機微に触れる話があるんで、フォローアップ会議の中でプロジェクトチーム作って、皆、参加してもらって集中的にやった方がいいですよ、これ。これをしないと、業界と、5月11日付のこれでも、一番最後のページ、3ページ目。これに書いてあること、国交省と相当乖離があるわけだよね。ここはしっかり、会議をどうやって繋ぐか他に何かやり方がないのか、こういうことについて、ちょっと是非藤末さんの方で、櫻田さんと仕切っていただいて、是非業界団体のそんなことで、虚心坦懐で話し合ってください。我々しっかりとその間を取り持ちます。これが一点。

それから私、過日地元で建設職人と話をしたんです。フルハーネスを着てやっていると、ヨーロッパ人と比べて日本人は体が小さいから、すごい重いらしいね、あれ、むちゃくちゃ。作業がしにくいって話を聞いたんだけれど、もう省令で1月に改正されてということになっているけども、じゃあ日本版のもっと軽い、防弾チョッキだってウクライナに出している、アメリカ製と比べて重さ半分以下だからね、性能変わらず。それぐらい技術革新できるはずなんで、そういうのを経産省含めて、あの技術革新の支援がある一方、革新的な足場を作っていけば、あえてフルハーネスにしなくても転落のリスクというのは、おそらく革命的に私は低くなると思うので、そういうことも含めてしっかり議論していただきたいなと、助成ができるところはしっかり経産省含めて助成をしていただくと。この2点要望しておきます。

○青木愛幹事（立憲民主党／参議院議員）

すみません、話が戻るようで恐縮です。あの参加をさせていただいたので一言意見だけ申し述べさせていただきたいと思います。

重なる部分は除きまして、先ほど厚労省からお話がございました点について私からの意見を申し述べさせていただきたいと思います。この手すり先行足場と二段手すり、幅木の設置、官の工事では、これが実質義務化されているために、死亡事故等はないという現状の中で、この手すり先行足場、二段手すりと幅木、これがいかに重要であるかこれを検証するためにも、今後の、今後だけではないですけれども、今までのも含めて、死亡事故だけではなくて、傷害事故についての詳細に、その災害原因を正しく究明していただきたいと思います。先ほど厚労省からも、手すり先行足場について、しっかりと災害分析を行っていくと、継続的なフォローが必要だという大変貴重なご意見が表明されましたので、この点は大変重要だと思いますから、こちらも検証に是非関わらせていただきたいという思いでございます。

そして、CCUS、キャリアアップシステムについてですけれども、この建設業界のみならず、国が現場で働く方々を、いろんな見方があるとは言え、その能力について、能力ということもちょっとおかしいと思いますけれど、国が現場で働く方々、建設業界のみならず、その人々の能力のランク付けを国が行うというこの姿勢、これについて、私は大変疑問を持っております。その点を申し述べさせていただきたいと思います。以上でございます。

## 5. 関係団体からのご挨拶

**○【建職連盟】日本建設職人社会振興連盟　小野辰雄理事長**

先生方、お役所の方、本当にありがとうございます。長い間、本当に私たちのためにご苦労していただいて、こんなに感謝するときはありません。本当に感激でいっぱいです。本当に私たちは現場で働く職人として、本当に1日も早く、安全と安心した環境の中で、是非働かせてほしいと思います。今日はもう先生方の努力でここまで、役所さんも、常に詰めていただいて、本当に真に実効性ある対策を打ち出すんだということで私も信用させていただきました。本当にね、厚労省さん、国交省さん、一つよろしくお願いいたします。

それからもう一つ最後にCCUSの件なんですけれど、私はあの現場で働く立場として、ランク付けをされる立場なんですよね。今、皆さんが話し合いされている団体の代表であるとか、発注者であるとか、みんなね、ランク付けをする立場なんですよ。私たちを材料にして利用してほしくないんですよ。私たちをランク付けしてもらいたくないです、私は。ハラハラドキドキのそんな人生を送りたくないし、勉強する人は努力しています。そんなに射幸心を煽らないでください。本当にね、安心して働かせてほしいです。ランク付けなんか皆さんされる身になってください。その一言です。しかしながらこれも、今古屋先生がおっしゃられたように、このフォローアップ会議でも、あるいは国会でも取り扱ってもらえるというような話の方向が進んでいるようなので、私はそれを信じて、私たち国民の代表である国会で決めてもらったら、そのとおり私たちも従います。是非、ランク付けをされる身になっていただきたいという一言で、今後ともよろしくお願いしたいと思います。本当に長い間ありがとうございます。

○【全建総連】全国建設労働組合総連合　田久悟労働対策部長

（前略）

ＣＣＵＳの問題でありますが、私自身は専従でありますけど、私たちの仲間はみんな評価される側の方です。62万人、様々な職種がある中で、そういったことをその中で、やはり全建総連としては、実は60年前にこういった一人親方の処遇改善に向けての建設労働法要綱案みたいなそういったものを実は60年前から作っていまして、その理念が実は目的から評価の仕方を含めて、実はこの２０１９年3月に告示された国交省との理念と当てはまった。そういった点で、全建総連としても出捐金を出して、ＣＣＵＳの普及は重要課題であると、そして不退転の決意で取り組むということを、２０２１年の2月に全体の会議の中でも確認をしているところです。

今、評価の部分、ランク付けの部分でも、実は全建総連としても、大工、木工大工とかの大工の部分でいきますと、複数の団体と一緒になってランクをどういうふうにしたらいいかということを決めています。こういった点では、今ある厚労省とか技能検定とかありますよね。そういった決定だと、実際に働いたものが基準となってランク付けをしようと、その部分でどうしていこうかっていうのを、もう複数回の会議を重ねてやってきているというのが現状であります。是非そういった点で、ランク付けをしている業界が、業界のためにどうしていこうか考えて、このランクを考えているんだということは、是非先生の皆さんには理解をいただければなと思います。これからもよろしくお願いいいたします。

○【建災防】　建設業労働災害防止協会　本山謙治技術管理部長

建災防の技術管理部長の本山と申します。よろしくお願いします。今日は先生方の実のある議論をありがとうございました。

私もこの問題、先ほど小野理事長がいらっしゃいますけれども、20年近く一緒に検討してまいりました。今日ほど、この手すり先行工法に関して、みんなで意見が一致して普及したいという気持ちになっていると思います。そういった意味でも、これがうまくまとまれば、我々としましても、普及について努めてまいりたいと思います。そして墜落災害防止に全力を尽くしたいと思っています。よろしくお願いします。

○【日鳶連】　一般社団法人日本鳶工業連合会　清水武会長

日鳶連の清水でございます。先生方、日頃に検討いただきましてありがとうございます。また、行政の方、国交省さんと厚労省さんと、我々は常にいろいろバトルをさせていただいて、今現況はingで進んでいるなと私は自負しています。より良い我々の生活安全、職場環境が良くなるように、皆さんの意見も有意義にしていただきたいなと。最後になりますが、小野理事長、CCUS、これに関しては先ほど先生が言ったように、慎重審議をもっとしていただきたいと思っております。今後ともどうぞよろしくお願いいいたします。

○【日建連】　一般社団法人日本建設業連合会　北内正彦常務執行役

（前略）

CCUSに関しましては、一番最初にこの恩恵を被るべきは、職人さんたちでありまして、我々としましても、全建総連さんでありますとか、建専連さんでありますとか、そういった方々と一緒に議論をしているところで、ただ我々としましては、やはり腕の良い方は腕の良い方なりに処遇があってしかるべきじゃないかなと。手前ごとになりますけど、私も土木系でございまして、施工管理士一級を持っておりまして、内心二級ではないと思っております。そういったところでやはりランク付けとは違うと思いますけれども、やはり資格として持っていてそれなりに処遇されるということは、職人さんもプラスに働くんじゃないかなと私は思っております。以上です。

○【全建】一般社団法人全国建設業協会　高森洋志業務執行理事

（前略）

ＣＣＵＳに関しましてでございますが、地域の元請建設業界といたしましては、現場で働く職人の方々が、技能に応じた適正な評価を受け、適正な報酬を支払われて、若い方がこの業界に入ってこようということを作り出す環境にするためには、是非ＣＣＵＳの普及が不可欠だというふうに考えてございます。以上であります。

○【住団連】一般社団法人住宅生産団体連合会　青木富三雄環境・安全部長

（前略）

ＣＣＵＳに関しましては、大規模現場、土木であるだとか、公共建築、そういったものから来たものを、そのまま住宅現場のほうに当てはめようとして、例えば、カードリーダーが前提となっておりますけれども、カードリーダーを置くような現場事務所というのは本来ありません。ですから、まずカードリーダーそのものが置けないので、まずは使えないという、そういった現場が非常に多くあります。そういったことで、実は1年ぐらい以上前から、国交省様と細かな打ち合わせをさせていただいて、スマホだとか携帯電話を使った形で何とかできないか、そういった形でなんとか進めていただいているというような状況でもあります。ただそういったスマホのアプリ代というのはこれまた別に、ＣＣＵＳと別枠でお金がかかってしまいますから、これはまた中小の企業からすると非常にハードルが高いということになりますので、それに関しましては国交省さんが厚労省様のほうから団体向けの補助金、そういった制度を今いろいろ作っていただいておりまして、それをいかに活用していくか、そんな形で進めようと思っています。先ほど申し上げたように、リフォームだとか、小さな建物を作る我々住宅業界の者にとっても使えるような足場であるとか、ＣＣＵＳだとかそういったものを今後、実務者会合を開いていただいて、きめ細やかな対応していただければと思っております。以上です。ありがとうございます。

## 6. 総括コメント

### ○新藤義孝顧問（自由民主党／衆議院議員）

自民党の新藤でございます。熱心なご議論をいただいて、それから今、最後に各団体の方々からご意見頂戴して、非常に明確になったと思いますので、それぞれの皆さんからの問題意識を受け止めて、我々フォローアップ議連としても、しっかりと役割を果たしていきたいと思うんです。

今日のいろいろ様々な意見が出たものを仮に総括という形にすると、まず第一に安全対策、これは様々な方法があると。だから、その手すり先行工法が義務化するかしないかで議論するのではなくて、必要なところに必要な対策を打たなきゃならないから、総括して、この安全対策を図れと、これは限りなく義務に近い形で私はルール化すべきだと思っているんです。それは屋根から落ちる方もいらっしゃるし、足場の方がいらっしゃると、どの方だって事故あって欲しくないわけです。私、この議連に参加するきっかけになったのが小野理事長からの話で、日本の建設現場の死亡者がイギリスの3倍あると。こういう話を聞いて、「これは駄目だ」ということで私は何とか日本の、様々、これまでの慣行だとか、業界の発展からこういうふうになっているんだっていうのは、日本の国内では通じても、世界の中でもっと確実に安全対策をやっている国があるのに、この日本が遅れると何事だというのは、私はそういう問題意識があって、入れさせてもらっているんですよ。ですから、今回5年経って、この基本法の見直しに入っていくわけですから、そういう中、まず総括的な安全対策をいかに義務化していくか。それも各現場というのは、国の直轄工事はかなり厳密にやっているとしても、地方自治体の工事、市町村の工事だったらどうなるのかと、ましてや民間、さらには民間の中だって大きなマンション現場があれば、今のように一般住宅もあると、これをそれぞれの分野でどうやって安全を確立させるかということは、さらに議論しなきゃならないだろうと思います。

（中略）

最後にＣＣＵＳはとにかく皆さんの心配のないようにしていかなきゃならない、やはり建設職人の能力向上、それから技能を向上するとともに、処遇改善をしていかなきゃならないわけだから、ここのところをどうやって生かすか。それに対して、そのランクされる側の立場になってくれって話は、本当に身につまされる気がするわけなんですが、一つ大事なことが、これから新たにこの業界に入ってきて、それぞれのランクに研修を重ねている方と、もう20年、30年、40年頑張っちゃって立派な技能を持っていると、今まで制度がなかったからランク付けしていなかった人、それのスタートをゼロにするんですかという話、そこは国交省が言っているのはそういう部分は、取り扱いについては業界の考えを聞くと、だけれど制度全体は国が責任を持たなきゃなんないんだから、そういう整理を今日の国交省の答弁で、私はなされたのかなと。あくまでその人にとって、その業界団体に対してどういうようなキャリアアップを認めていくか、そこは工夫をしながら、過渡期だし、これから導入するんだから、今までやっていた方とこれから入る人を同じ扱いにすることは、これはまったく不合理だと思いますから、そういうことを含めて、柔軟な運用を行っていく。そのために我々は検討していかなきゃいけないかなと各党の先生方が、ここは超党派でみんな気持ちを一つにして、問題意識共有できると思うんですが、そういったことをポイントにして、今後しっかりと議論していくべきじゃないかなと。

是非議連としてはそういう形で二階先生を中心にして、また私も頑張っていかなきゃいけないですけど、役所の皆さんにも、これでとりあえず一段落って決して思っちゃダメ。ここだけはきつく言って、これからまた作業していただきたいと思います。

**〇二階議長**

きょうは超党派でお集まりいただいているんですから、お願いしておきたいんですが。自民党は自民党で今日いただいたことのまとめを党の新聞にもきちっと掲載するようにしますから。各党みんな持ち帰っていただいて、いろんな場所で啓蒙をしていただくことによって、進んで行くんじゃないかと思いますので、お力添えをお願い申し上げます。

## 8 第15回フォローアップ推進会議（令和4年5月11日開催）における「まとめ」

建設職人基本法超党派国会議員フォローアップ推進会議（以下「本会議」という。）は、これまで検討してきたことを踏まえ、「決議事項」については以下のとおり取りまとめた。

建設職人基本法第8条の規定に則り、基本法第1条にある「公共工事のみならず全ての建設工事について建設工事従事者の安全及び健康の確保を図ることが等しく重要である」との目的を遂行するため、政府関係省庁におかれては、今回の決定に盛り込まれた事項を含め基本計画の見直し作業に着手し、成案を得たうえで閣議決定されたい。

具体的には、

1. 建設業の労働災害のうち墜落・転落災害防止対策については、官工事と民間工事との間において安全対策上の差異、いわゆる「官民格差」を解消するため、「より安全な措置」等として、

① 墜落・転落災害防止対策を強化するため、手すり先行工法に関するガイドラインについて、真に実効性のあるものにするための見地に立って内容を見直し充実するとともに、その周知・指導とフォローを推進する対策を講じること。

② 足場の組立時等における安全点検を強化するため、点検実施者は、十分な知識・経験のある者によるものとするよう所要の規則改正を含めた対策を講じること。

2. 上記1の「より安全な措置」等を始め建設工事従事者の安全及び健康の確保を図るため、元請業者と下請業者が建設工事の請負契約を締結する際、足場及びその安全点検に関する経費（機材費、労務費、管理費など「以下同じ」）を含む安全衛生経費について、

① 元請と下請の分担を示す確認表を作成するとともに、
② 安全衛生経費の内訳明示方式による標準見積書の普及、徹底を図ること。
また、公共工事と同様、民間工事においても、安全衛生経費が適切かつ明確に積算がなされ、下請負人にまで確実に支払われるようにすること。

なお、1及び2の二項目については、基本計画においてその要旨を盛り込んだ改正を行うとともに、中断している厚生労働省、国土交通省の「実務者検討会」を速やかに再開して、所要の結論を得ること。その際、両省間で施策の整合性の確保を図り、1及び2が一体化してセットで実施できるようにすること。

3．経済産業省（技術革新等補助金の検討）
足場をはじめとする仮設機材について、新たな技術開発と安全性の向上を図るため、事業者に対する助成措置について経済産業省を中心に検討すること。

4．建設キャリアアップシステム（CCUS）問題については、国が関与して建設職人にランク付けするなどは法の下の平等や人権にも留意しながら進めるべき事柄であると指摘する声がある。従って、こうした指摘に関連するCCUS制度の内容については、国会での調査を踏まえ、今後も政治主導で国会議員の十分な理解を得ながら適切に進めていくこと。

以上

# 9 第16回建設職人基本法超党派国会議員フォローアップ推進会議　会議録

令和4年11月2日（水）15：00～15：53
衆議院第一議員会館　国際会議室
作成者：衆議院議員櫻田義孝事務所

## 1．幹事長挨拶

○櫻田義孝幹事長（自由民主党／衆議院議員）

本日は、第16回目のフォローアップ推進会議を開催させていただいたところ、多くの国会議員の先生、関係省庁の皆様、関係団体代表の方々にご参集いただきありがとうございます。

本会議は、本年5月11日開催の第15回会議において、これまで検討してきた事項を、本会議での「まとめ」として、その方向性を示したところであります。これを受けて、厚生労働省と国土交通省に設置されていた「実務者会合」と「実務者検討会」での審議が、本年9月までに終了したとのことであります。そこで、本日は政府側から検討結果について説明をお願いいたします。建設職人基本法に基づく基本計画は、基本法第8条には「少なくとも5年ごとに、基本計画に検討を加え、必要があると認めるときには、これを変更しなければならない」と規定されております。当会議としては、その見直しに向け、議員立法を誕生させた政治の力により、職人の皆様のために、基本計画が実りのある成果を生み出すものとしてまいりたいと思います。

最初にお断りしておきますが、本日は先生方には公務が立て込んでおりますので、誠に申し訳ありませんが、本会議の所要時間は40分間程度としたいと思いますので、皆様方のご協力のほど、よろしくお願いします。

## 3．各党代表からのご挨拶

○二階俊博議長（自由民主党／衆議院議員）

議員立法で成立しました建設職人基本法。建設現場での安全対策、処遇改善。これはいくらかよくなってきた、やや感じられるわけですが、まだまだ建設現場での死亡事故根絶、官民格差の是正等は残念ながら道半ばであります。この会議は、超党派で鋭意検討してまいりました結果、厚労省と国交省での検討結果を踏まえて、安全対策等につきまして、取りまとめることができたと聞いております。ぜひ皆様におかれましては、建設現場の皆様の本当に実際これが役立つような活発なご議論をいただいて、建設現場の皆さんの安全を確保し、またそれぞれ現場にも人がたくさん集まってくれるような労働環境を築いていきたい、このように思っております。本日は誠にありがとうございました。

○逢坂誠二議長代理（立憲民主党／衆議院議員）

皆さんこんにちは。立憲民主党衆議院議員逢坂誠二でございます。今日は我が党から松原仁議員、それから青木愛議員、それから小宮山泰子議員も参加をしておりますけれども、私はいろんな議連とかいろんな会議に入りますけれども、このフォローアップ会議はやっぱりすごいなというふうに思います。もう特に小野会長をはじめ、関係者の皆さんの熱い思い、そしてそれを超党派で受けとめて、何とか実現に向けていこうということで、まだまだ課題は山のようにありますけれども、ある一定程度の成果が出ているというのも事実だというふうに思います。今回、長島昭久事務局長が新たに加わりましたけれども、お聞きしますと政府とも非常に熱心にやり取りをしていただいて、ある一定の成果も見えているというふうにも承知しておりますので、ぜひ私たちもしっかり応援をしていきたいとそう思っているところであります。

あと会議の中で出るかもしれませんが、建設キャリアアップシステムですが、本当に職人の皆さんの役に立つものになるのかどうかっていうところが一番大事なポイントだと思いますので、ぜひそのことも国会としても検証しながら良い方向へと導いていければというふうに思っております。どうぞよろしくお願いいたします。

○長島昭久事務局長（自由民主党／衆議院議員）

皆さんこんにちは。この度事務局長を拝命いたしました衆議院議員の長島昭久です。どうぞよろしくお願いいたします。

## 5．政府側との協議を踏まえた事務局長取りまとめ（案）

○長島事務局長

ただいま両省庁担当者から説明がありましたとおりでございます。検討結果の内容につきましては、事務局長である私が両省庁と協議を行いました。その結果につきましては皆さん、先生方お手元にございます「第16回建設職人基本法超党派国会議員フォローアップ推進会議　政府との協議による事務局長の取りまとめ（案）」として提出させていただきました。これから読み上げさせていただきますが、先生方のお手元に15回、前回の議事録もお配りしておりますが、その19ページに前回会議の「まとめ」ということで掲載させていただいておりますのでそちらを参照しながら聞いていただければと思います。それでは読み上げさせていただきます。

## 6．国会議員による審議及び意見交換

○長島事務局長

この「取りまとめ」につきまして、先生方と意見交換をさせていただきたいと思いますので、先生方からご議論ございますでしょうか。はい、松原先生。

○松原仁幹事長代理（立憲民主党／衆議院議員）

非常に長島事務局長は苦労して取りまとめたと本当に敬意を表するところであります。一点、いわゆるキャリアアップシステムでありますけれども、現実にこれが当初予定していたほど、ほとんどの関係者が入るというところまでなかなか到達をしていないっていうのが実態であるという話を私は聞いておりまして、それにおいては、

なぜそれだけ、予定よりもまだ入ってないのか。当然それは時間がかかるからそうなんだというふうな抗弁があるかもしれませんが、期待されているものであれば一気呵成に人員は入ってきて、ほとんどの方が入るという話でありますが、入らない理由も含めて、私は一つ検証してもらって、なぜそれが思ったようになっていないのか、このへんに関しての問題点、課題をぜひともこの役所の方々におかれては、この会の、小野さん、現場を一番よく知っている話を聞いていただければとこう思って、要望であります。以上です。

○**福島伸享幹事**（無所属［有志の会］／衆議院議員）

長島事務局長のもと、このような取りまとめがまとまられたこと敬意を表したいと思います。このフォローアップ推進会議のさらにフォローアップをするのが大事だと思っておりまして、例えば民間において、この標準見積書の実態がどうなっているかとか、あるいはその建設キャリアアップシステム問題についても、この制度そもそも法律に基づかない制度であるということが問題の様々な根源、きっかけとなっていると思っておりまして、ぜひフォローアップ推進会議の場におきまして、果たしてこの建設キャリアアップシステムが当初、目的とした効果をきちんと上げるものになっているのか、役所が頭で考えたようには世の中というのは大体うまくいかないものでありますから、果たしてその効果が上がっているのかということも含めて具体的な事実とデータを持って検証をこれからも行っていただきたいと思っております。以上です。

○**長島事務局長**

はい、ありがとうございました。

それでは松原先生からの要望、福島先生の要望がありましたので、ＣＣＵＳについても…。

○【国交省】国土交通省　**笹川敬不動産・建設経済局官房審議官**

国土交通省の審議官の笹川でございます。ＣＣＵＳにつきましては、松原先生がご指摘のように現行任意の制度でございまして、建設技能者の処遇改善に繋がるとのメリットがあると考えていまして、インセンティブを付与しながら現在推進しております。建設技能者の登録が10月末現在、１００万人行くか行かないかという段階でございますけれども、全体の技能者の3分の1弱でございます。私どもといたしましては、引き続き建設技能者の処遇改善の道筋というものをしっかり示しながら推進していきたいと思っておりますし、また国会議員の先生方の十分な理解を得ながら適切に進めていきたいと考えておりますので、よろしくお願いいたします。

**○青木愛幹事**（立憲民主党／参議院議員）

今、国交省の方から松原先生に対するご答弁があったのですけれど、この取りまとめ、大変本当によく取りまとめていただいていますし、いろいろなものを盛り込んでいただいているのは承知するところなのですけれども、やはり3番目のこのCCUS問題の、この進めるべき事柄とか、最後の文言の「適切に進めていくこと」とありまして、私とするとこのシステム自体の検討も含めて、今後議論をしていただきたいなという思いがございます。

先ほど松原先生からお話がございまして、登録がなかなか進まないと、その理由の一つに、この事業者登録料が今二倍に跳ね上がっていると、内訳は6千円から240万というふうに聞いております。また管理者ID利用料も年間2400円から年間1万1400円に跳ね上がり、また現場の利用料もカード1現場当たり3円から10円に引き上げられたと。このようなことをして、これから先、登録が進むかどうかっていうことを私は懸念というか、そうならないのではないかと。実際、現場からもそのコストが想像以上にかかると、思っているよりも、カードリーダーを設置しなきゃいけないとか、手間がかかるとか、そういう批判の声も寄せられているところでございます。

私はやはり建設現場の働く方々、また建設職人を請け負っていらっしゃる事業所の方々、あらゆる国民生活と産業活動、そして今頻発する災害対応等々のまさに国のその根幹、要の仕事をしていらっしゃるこの職人の方、そして職人を抱える事業者の方々が、こうしたコストをかけて、手間をかけて、登録をしないと現場に入れさせないと、そういう脅しのような連絡も入ってくるという話も聞いておりますので、まさに長島先生がここにまとめていただいた、この法の下の平等、あるいは人権にも関わる問題だと思いますので、このシステムありきではなくて、このシステム自体の再検討も含めて、ご議論を今後とも進めていただきたいということを申し上げさしていただきたいと思います。この進めるべき事柄、最後の進めていくこと、ここをちょっと懸念しましたので、その点申し上げさしていただきました。

○【国交省】　笹川官房審議官

ＣＣＵＳのコストとかシステムの関係、いろいろな問題点を指摘していただきましたけれども、私ども、いろんな問題点につきましては引き続き業界団体と相談しながら、また国会議員の先生の十分な理解を得ながら進めていきたいと考えております。

また、私どもとしては、ＣＣＵＳは建設技能者の経験とか技能に基づいて評価していくということでございますので、処遇改善に繋がるものと思っております。ただその評価の仕方については、いろいろ議論があると思っておりますので、38工種に分かれて、業界団体の方で基準を作って、国交省認定という形でやっていますけれども、皆さんと議論しながら慎重に進めていきたいと考えております。以上でございます。

## 7．事務局長取りまとめ（案）の承認

○長島事務局長

それでは、この本会議が約5年間にわたって、先生方と協議を進めてきたことが、こういう形で一つの成果として、取りまとめ（案）として、皆さんに提出することができました。項目1につきましては、職人の皆さんの安全と安全衛生経費についての目安が出ました。ただ、項目2と項目3、今の最後の3のところでずいぶんご議論がありましたが、引き続き本会議の検討課題ということでいきたいと思います。それを踏まえて、この事務局長取りまとめ（案）で、先生方のご承認いただけますかどうか、承認いただきます場合には、拍手をもってお願い申し上げます。

（拍手）

ありがとうございました。先生方のご賛同を得ることができましたので、本会議は、事務局長の取りまとめ(案)ということで、(案)を取ってこれを承認ということにさせていただきます。ありがとうございます

## 8．関係団体（オブザーバー）からのご挨拶

**○長島事務局長**

それでは残り少ない時間ではございますが、今日ご出席いただいている関係団体から一言ずつご挨拶をお願いしたいと思います。まず、最初に日本建設職人社会振興連盟の小野会長、よろしくお願いいたします。

**○【建職連盟】日本建設職人社会振興連盟　小野辰雄会長**

ありがとうございます。建設職人連盟の会長の小野と申します。いや本当に先生方、長い間本当に、二階先生もおられますが、最初から、私たちのこの建設職人の振興議員連盟を作っていただいて、そこからずっと本当に長い間お世話になりました。で、基本法を作っていただいてから6年になります。この6年、16回の、この超党派のフォローアップ会議、16回、きょうでですね。それを経て、ようやくここまでたどり着きまして、この建設職人の安全と安全経費、これに対する第一歩が示されることになりました。本当にありがとうございます。ありがとうございます。役所の皆さんも本当に長い間ありがとうございます。ありがとうございます。

それから今事務局長さんが言われました経産省とそれから国交省さんが関係されている補助の制度、生産性と安全性に関わることについては、補助制度になると、検討すると。

それから最も私にとっても今大事なことで、差し迫っていることがこのCCUS問題でして、私は生粋の職人として、本当に一言申し上げたいと思います。私は公に反対運動を一切していませんから。私はここに来て発言させてもらっているだけなんですよ。機関決定できないんです、反対なんて。反対なんて機関決定したら明日からおまんまの食い上げですから。そういうサイレントマジョリティーがいるっていうことを先生方は分かってください。350万人のね、建設職人がいるんですよ。この人たちは何も言えないです。言わないんじゃなくて言

えないんですよ。言ったら明日から来なくていいって言われますから。そういうことなんですよ。そのへんは本当は役所さんに分かっていただいて、建設業団体の皆さんに分かっていただきたいです。私たちはランクをつけられる人なんですよ。国の管理の下でランク付けられるなんてとんでもないことですよ。とにかく、日々の行動をデータにするとかね言って。管理・監視社会の中に私たち追い込まれようとしているんですよ、もうその寸前ですから。何とかそこのところ、私は本当の国民の声を吸い上げていただきたいと。ですから国会の調査を踏まえて、ここにあるのは本当に嬉しいですし。国会で決めることは私たちは一切反対はしません。国会の最終的に決めていただければ結構なことです。ただこのサイレントマジョリティーがあるということを分かっていただきたい。言えないんです。よろしくお願いします。建設職人基本法は本当に大事です。ありがとうございます。

○【全建総連】全国建設労働組合総連合　勝野圭司書記長

（前略）

CCUSにつきましては、私どもは、これは建設従事者の処遇改善に向けた重要なツールであり、環境整備を行っていくものである、そういう理解をしているところであります。現在はまだまだ野丁場で働く人の登録が多く、技能者においては管理をしているということでありますが、私ども、全建総連といたしましては、町場や住宅現場で働く人たちの加入又活用の促進に向けても取り組んでいるところであります。同時にレベル評価の問題についてもCCUSの登録と両輪のものとして、このレベル評価の取り組みを進めているところであります。現在でも技能士等については、1級2級というようなものがございますが、それぞれの人の資格や経験、能力に応じた適切な賃金の処遇、こういうことが具体化されるということが重要だと思っておりますし、そのためにCCUS、レベル評価、ともに取り組みを進めていくそういう所存でございます。以上であります。

○【日建連】一般社団法人日本建設業連合会　北内正彦常務執行役

（略）

○【全建】一般社団法人全国建設業協会　上田国士常任参与

（略）

○【建専連】一般社団法人建設産業専門団体連合会　大木勇雄副会長

建専連の大木でございます。現場で働く職長、作業員のより近いところにいる団体といたしまして、作業員の処遇改善について努めてまいりました。また我々団体の中で、キャリアアップについてですが、レベルごとの年収を発表させていただきました。他産業に比べて収入が少ないという我々の業界の人たちを何とか処遇改善していきたいという思いで数字を出させていただきました。賃金のアップを目指してまいりたいと思います。さらに墜落防止ではございますが、作業のやり方、あるいは足場の点検を含めて、なお一層努めてまいりたいと思います。よろしくお願いします。

○【住団連】一般社団法人住宅生産団体連合会　青木富三雄環境・安全部長

（前略）

ＣＣＵＳに関しましては、正直申し上げてＣＣＵＳは、まずは公共現場を、公共建築の現場をベースに作られているというところから聞いておりますので、なかなか住宅現場にぴったりと合ったような話にまだなっていないのが現状です。現段階では国交省様、それから建設業振興基金様といかに住宅現場にマッチする形にできるかということでいろいろ相談に乗っていただいて、そんな状況でございます。私の方からは以上です。ありがとうございました。

○【建災防】建設業労働災害防止協会　西田和史技術管理部長

（略）

○【日鳶連】一般社団法人日本鳶工業連合会　清水武会長

日本鳶工業連合会の清水でございます。今回、先生方いろいろお世話になりありがとうございます。また各行政の皆様の日頃いろんな意見交換をさせていただきありがとうございます。我々としましては、実は、長島先生のフォローアップ推進会議におけるまとめ、大変ありがとうございました。ただ、その中で、実は私、10月15日からの死亡事故を取りまとめて今日来たのですけれど、残念ながら10月15日には高知県で屋上防水シートから転落して26歳の男性が死亡。10月17日に北海道の夕張、生き埋めで70歳男性が死亡。10月25日にはクレーンからトラックに積み込む作業をしている最中53歳の作業員が死亡。つい最近では、10月26日です。東京の千代田区で、お昼頃です、トラックを誘導中の警備員が亡くなっておりました。そうすると、安心・安全のこのフォローアップで地位向上が我々できているのかなと。先ほど対価の問題がございました。イコールになっていないのではないかなと、会員企業から出ていますので、ぜひそのへんを含め、小野会長の言っていましたCCUSも、ただ我々としては問題があるので、ぜひ改善をお願いしたいと思います。我々は常に職人を社員として抱えている団体でございます。ぜひよろしくお願いいたします。以上でございます。

○【労研】建設労務安全研究会　細谷浩昭理事長

（略）

## 9．締めのご挨拶

**○長島事務局長**

はい、ありがとうございました。そろそろ時間も迫ってまいりましたが会議開始後にお見えなった先生方、新藤先生、佐藤先生、何かコメントございますか。よろしいですか。

ありがとうございました。それでは以上をもちまして議事を終了させていただきたいと思います。長時間になりましてありがとうございました。また頑張りましょう。

## 10 第16回推進会議（令和4年11月2日開催）における「事務局長のとりまとめ」

建設職人基本法超党派国会議員フォローアップ推進会議（以下「本会議」という。）」は、これまで検討した事項について、前回会議で取りまとめの方向性を示した。

これを受けて政府関係省庁である厚生労働省は「建設業における墜落・転落防止対策の充実強化に関する実務者会合」を、また、国土交通省は「建設工事における安全衛生経費の確保に関する実務者検討会」の審議を9月までに終了し、その概要は先程報告のあったとおりである。

以上を踏まえ、当会議事務局長である長島昭久は、両省庁と協議を行い、下記1から3のとおり取りまとめましたので、この内容について当会議としての承認を求めるものであります。

**1．厚生労働省、国土交通省関係**

（1） 手すり先行足場採用の促進強化向上を更に図るため、一人親方等を含め労働基準行政当局による見える形での周知・指導を行うこと。また、墜落・転落死傷災害の原因分析とフォローを徹底すること。

（2） 足場の組立て後における安全点検は、事業者と注文者の各々が安全点検実施者の「指名」を行い、その結果と「氏名」の記録・保存することとし、所要の規則改正を行うこと。点検を行う場合は、機材別チェックリスト等の活用を図ること。

また、点検実施者は、推進要綱に示された「十分な知識・経験を有する4要件」のいずれかの資格を有する者とすること等推進要綱に基づく事項について労働基準行政当局による見える形での指導の強化徹底を図ること。

（3） 足場及びその安全点検に関する経費（機材費、労務費、管理費等）を含む安全衛生経費が民間工事においても適切かつ明確に積算され、下請負人にまで確実に支払われるようにすること。

このため、本年度は足場を含む安全衛生経費について元・下請間で負担区分を明確にする「確認表」を作成し、来年度より「標準見積書」として実施すること。

また、それらについて発注者、建設業者、国民に対する広報の強化を初めとした実効性のある対策を進めること。

**2．経済産業省関係**

足場をはじめとする仮設機材について、新たな技術開発と安全性の向上を図るため、事業者に対する助成措置について経済産業省を中心に引き続き検討すること。

**3．ＣＣＵＳ（建設キャリアアップシステム）問題**

ＣＣＵＳ（建設キャリアアップシステム）問題については、国が関与して建設職人にランク付けする等は法の下の平等や人権にも留意しながら進めるべき事柄であると指摘する声がある。従って、こうした指摘に関連するＣＣＵＳ制度の内容については、真に建設職人の人格と地位の向上に資するものとするよう、国会での調査を踏まえ、今後も政治主導で国会議員の十分な理解を得ながら適切に進めていくこと。

以　上

# あとがき

私が小野辰雄氏に会ったのは、2022（令和4）年12月のことでした。身体の調子が悪いとは聞いていましたが、このときは自分の足でしっかりと歩いていました。柔和な表情のなかにも鋭く光る眼光を感じました。

いろいろな話を聞きましたが、建設業界の中でも足場業界は墜転落事故、しかも死亡事故が多い。生涯一職人である小野氏は、弱い立場の建設職人の社会的地位を高め、事故を減らすために命をかけて闘っているということが強く心に残りました。そして、いま最も困っているのが建設キャリアアップシステム、いわゆるCCUSであるとのこと。CCUS問題について、第三者の立場で、賛成意見も反対意見も広く載せ、世に問うてほしいとのことで、その熱意に押され、引き受けることにしました。

次に会ったのは、2023年2月です。最初に会ってからわずか2カ月がたったころでしたが、このときはほとんど車椅子に乗っていました。足が痛いとのことでしたが、このときも自分で作った資料をもとにCCUSに関する自身の考えを詳しく聞かせてくれました。

最後に会ったのは4月で、このときはずっとベッドの上でしたが、御自分で書類に署名するなど、まだ元気でした。

そして、5月6日、訃報が届きました。これには驚きました。元気にお会いして、わずか6カ月後に旅立たれ、言葉がありません。そのわずか半年の間に走り切ったのかなとも思います。

この本には、小野氏の意向通り、CCUSに対する賛成意見や反対意見、そして私見も載せてあります。読者の方々にCCUSに対する理解を深めていただければ幸いです。

最後に、CCUSに対するご意見を聞かせてくださったフォローアップ議連をはじめとする国会議員の先生方、職人・従事者の方々、そして取材・制作にご協力いただいた関係企業や団体の方々に厚く御礼申し上げます。

2023（令和5）年5月25日　伊藤幹雄

日本の国会は

# 建設職人をCCUSから解放できるか

建設キャリアアップシステムは国が関与して
建設職人をランク付けすることである

2023年6月20日　　第1刷発行

著　者　伊藤幹雄

発行人　伊東英夫

発行所　株式会社愛育出版
〒116-0014
東京都荒川区東日暮里5－6－7
サニーハイツ102
電話　03-5604-9431

印刷所　株式会社耕文社

装　丁　渡辺さゆり

DTP　有限会社心容社

編　集　合同会社MVプロジェクト

ISBN978-4-911091-02-9